混凝土及纤维混凝土
强度与韧度兼容理论和模型研究

管俊峰　谢超鹏　李列列　著

U0249888

中国建筑工业出版社

图书在版编目（CIP）数据

混凝土及纤维混凝土强度与韧度兼容理论和模型研究 / 管俊峰，谢超鹏，李列列著. -- 北京：中国建筑工业出版社，2024. 10. -- ISBN 978-7-112-30361-8

Ⅰ. TU528.572

中国国家版本馆 CIP 数据核字第 2024Y7323L 号

本书系统介绍了混凝土强度与韧度兼容理论和模型的最新成果，系统总结了著者多年来在混凝土强度与韧度兼容理论与模型、分析方法和测试技术等方面的研究成果，主要包括：混凝土、碾压混凝土、钢纤维混凝土以及混杂纤维混凝土的强韧参数测试方法、强韧参数概率统计分析模型及结构失效行为预测方法。

本书可供土木、水利、港口、海岸、近海工程、市政、水工材料等领域从事混凝土相关理论研究的科学研究人员、工程技术人员、高校教师、研究生、本科生等参阅。

责任编辑：辛海丽

文字编辑：王　磊

责任校对：赵　力

混凝土及纤维混凝土强度与韧度兼容理论和模型研究

管俊峰　谢超鹏　李列列　著

*

中国建筑工业出版社出版、发行（北京海淀三里河路 9 号）

各地新华书店、建筑书店经销

国排高科（北京）信息技术有限公司制版

建工社（河北）印刷有限公司印刷

*

开本：787 毫米×1092 毫米　1/16　印张：9½　字数：234 千字

2024 年 10 月第一版　　2024 年 10 月第一次印刷

定价：**48.00** 元

ISBN 978-7-112-30361-8

（43621）

作者简介

管俊峰，博士，教授

河南省特聘教授，河南省杰出青年科学基金获得者，河南省优秀青年科技专家（河南省青年科技奖获得者），河南省高校科技创新团队负责人，河南省高校科技创新人才，河南省教育厅学术技术带头人，河南省高校青年骨干教师，河南省优秀研究生指导教师，河南省优秀硕士论文指导教师，华北水利水电大学"大禹学者"特聘教授，华北水利水电大学创新型科技团队培育计划项目团队负责人，入选 2023 年斯坦福大学发布的"全球前 2%顶尖科学家榜单"(World's Top 2% Scientists)。主要从事材料与结构损伤断裂机理、结构裂缝控制、混凝土结构仿真模型设计理论与技术以及高强钢筋高性能混凝土结构设计理论等方面的研究工作。主持国家自然科学基金 3 项，省部级项目 6 项。以第一或通讯作者发表 SCI/EI 收录论文 88 篇，包括中国科学院一区 TOP 期刊 14 篇。在国家一级出版社出版专著 3 部。获国家发明专利授权 35 项。分别获河南省科技进步奖贰等奖和叁等奖各 1 项，中国产学研合作创新成果奖贰等奖 1 项，河南省自然科学学术奖 9 项，河南省教育厅科技成果奖 8 项。

谢超鹏，男，博士，讲师

从事高性能水泥基复合材料与结构，混凝土控裂理论与修复技术等领域的研究。主持国家自然科学基金青年基金项目 1 项，省部级项目 2 项，获得厅级科研奖励 2 项。发表 SCI/EI 收录论文 29 篇，授权国家发明专利 12 项。

李列列，男，博士，副教授

从事水工混凝土断裂理论以及数值研究方面的研究工作，主持国家自然科学基金面上项目 1 项，省部级课题 2 项；获得省部级奖励 1 项，厅级科研奖励 4 项；发表 SCI/EI 收录论文 30 余篇，授权国家发明专利 7 项。

前　言

混凝土断裂与强度参数为其自身的两个材料属性，不应随试件尺寸、试件形式、测试手段等条件的变化而变化。而目前国内外各规范，对于实验室条件下混凝土断裂与强度参数的测试要求并未统一。此外，实验室条件下混凝土试件非均质性明显，迫切需要描述混凝土断裂与强度参数的离散特性，进而从可靠度层面拓展混凝土非线性断裂理论与模型。因此，本书开展了混凝土及纤维混凝土强度与韧度兼容理论和模型研究，建立了强韧参数概率统计分析模型，实现了由强韧参数预测结构失效行为的最终目标。

本书重点关注了混凝土强度与韧度兼容理论与模型的最新研究进展。全书系统介绍了著者们在混凝土、碾压混凝土、钢纤维混凝土以及混杂纤维混凝土强度与韧度兼容理论和模型的研究内容。全书共分为6章：第1章介绍了现有混凝土强度和断裂韧度的理论模型与测试方法。第2章主要介绍了混凝土强度与韧度兼容理论和模型。第3章主要介绍了混凝土强度与韧度兼容理论和模型的最新研究成果。第4章主要介绍了碾压混凝土强度与韧度兼容理论和模型的最新研究成果。第5章主要介绍了钢纤维混凝土强度与韧度兼容理论和模型的最新研究成果。第6章主要介绍了混杂纤维混凝土强度与韧度兼容理论和模型的最新研究成果。

本书关于混杂纤维混凝土强度与韧度兼容理论和模型的研究得到了大连理工大学曹明莉教授及其团队的指导与帮助，在此表示由衷的感谢。同时，感谢硕士研究生袁鹏、宋志锴、王昊、张玉龙和鲁猛等人对本书出版所做出的重要贡献，也感谢在读硕士研究生张航天、张慧法和高能等人对本书相关资料整理所付出的辛勤劳动！最后，感谢华北水利水电大学同事们对本书出版的大力支持。

本书研究工作先后得到了国家自然科学基金面上项目"环境变化下水工混凝土强度与断裂的尺寸及边界效应"（52179132），国家自然科学基金面上项目"多重随机源融合下修复后混凝土断裂与强度兼容机理及分析模型"（52378237）以及国家自然科学基金青年基金项目"冻融-干湿交变下微/纳米粒子对超高性能混凝土强度与断裂兼容的调控机制"（52309155）的资助，在此一并表示感谢。同时，感谢河南省杰出青年科学基金项目"超高性能混凝土断裂的尺寸与边界效应理论及应用研究"（232300421016），河南省高校科技创新团队支持计划项目"水工结构健康智慧诊断与抗裂性智能提升"（24IRTSTHN010）

以及华北水利水电大学水利工程创新型科技团队培育项目"水工结构全寿期健康智慧诊断及抗裂性智能提升"（2023SZ100100084）对本书的大力支持！

限于著者水平，书中不当之处，敬请读者给予批评指正。

管俊峰　谢超鹏　李列列

2023 年 10 月于郑州龙子湖

目　　录

第 1 章

绪 论

1.1 研究背景

随着当今社会的快速发展，一些大型结构随之而生，高强度材料的使用已经越来越广泛。但是现在随着大型结构和构件的迅猛发展，也出现了一些与以往不同的断裂问题，很多按照以前规定的安全设计参数建造的大型结构和构件，在当破坏强度还没有达到理论强度的十分之一就已经破坏。比如，大型桥梁的断裂破坏、巨型油轮断裂、飞机的折断破坏等。低应力破坏事故的不断发生反映了以往所用的安全设计参数是存在局限性的，按照以往常规设计理念建造出来的大型结构和构件是否可以安全运行也成为一柄达摩克利斯之剑。是否还存在着一种更为科学的材料性能指标？经过工程界长期的努力，发现了一种更加合理的评价材料抗断裂方面的参数，断裂力学在这样的背景下产生了。

断裂力学可应用于很多方面，譬如：防止或预测由构件破裂引起的结构灾变性破坏，也可应用到潜艇、船舶、大型压力容器、地下综合管廊以及近海结构工程等安全性分析和评定，而且在工程材料方面，断裂力学的研究与应用也越来越深入和广泛。

对于混凝土材料来说，断裂韧度与拉伸强度是极其重要的材料参数。准确确定材料的真实参数、合理评估实际结构的真实特性一直是科学界和工程界矢志不渝的奋斗目标。在材料参数的确定方面，一般都是通过对在实验室中的小尺寸试块进行试验得到相应的材料参数。但是当材料中出现大型结构或构件发生低应力破坏时，发现小尺寸试块确定的材料参数并不适用于实际工程中大尺寸结构或构件，这主要是因为在实验室中所用的小尺寸试件处于准脆性阶段，得到的材料参数存在明显的尺寸效应[1]。

在当前的混凝土的断裂参数测试试验中，一般使用的是大尺寸三点弯曲（3-Point Bending，简称 3-P-B）和楔入劈拉（WS）等试件来得到无尺寸效应的断裂和强度参数，这会造成试件自重较大、外力位置偏差和试验设备及测试方法复杂等影响，所以发展一种更为合理和简便的试验类型也是很有必要的。

探寻由小尺寸试件的试验结果来评价实际结构的真实性能，是解决材料参数中尺寸效应的重要手段。目前，国际上应用最为广泛的是 Bažant 等提出的尺寸效应模型和 Hu 等提出的兼容模型。然而，尺寸效应模型发展至今，虽得到了广泛应用，但至今并未取得实质性进展：其未能建立由小尺寸试件与预测大尺寸结构性能的方法，也未能应用于工程设计。Hu 等提出的兼容模型，虽然通过小尺寸试件可以准确预测材料参数和材料的断裂破坏曲线，但是目前仍未能摆脱"数据曲线拟合"的束缚[2-9]。

因为在实验室条件下的混凝土试件的骨料尺寸与试件尺寸相比不能忽略，而且试件非均质明显，则试验结果出现离散性是必然的。又因为混凝土的断裂参数与强度参数是其材料特性，则从统计角度分析，其测试结果也是有离散性，从而应符合相应的概率分布，比如正态分布和威布尔分布等。因此，本书采用概率分布函数来描述断裂参数的离散特性，从而可以打破兼容模型中"数据曲线拟合"的束缚。根据概率分布的模型来发展混凝土和岩石的离散断裂模型研究，这对于促进我国岩石力学、水工结构的发展和相应的工程应用具有重要的意义。

1.2 混凝土强度理论模型与测试方法

混凝土强度是混凝土的重要性能之一，掌握混凝土强度数据是理论研究和工程实践中相当重要的一个环节。强度测试可以大致分为劈裂抗拉强度和抗压强度、抗弯强度、抗拉强度等。

《混凝土物理力学性能试验方法标准》GB/T 50081—2019[10]给出了立方体试样和钻芯试样测试混凝土抗拉强度的方法。室内成型的轴向拉伸的试件中间截面尺寸应为 $100mm \times 100mm$，钻芯试件应采用直径 100mm 圆柱体，每组试件应为 4 块。当实测尺寸与公称尺寸之差不超过 1mm 时，可按公称尺寸进行计算。试件应安装在试验机上，试验机应具有球面拉力接头，试件的拉环（或拉杆、拉板）与拉力接头连接。开启试验机，进行两次预拉，预拉荷载可为破坏荷载的 15%～20%。预拉时，应测读应变值，需要时可调整荷载传递装置使偏心率不大于 15%。预拉完毕后，应重新调整测量仪器，进行正式测试。拉伸试验时，加荷速度应取 0.08～0.10MPa/s。每加荷 500N 或 1000N 测读并记录变形值，直至试件破坏。

Madandoust 等人[11]根据 ASTM C39[12]测试了混凝土的抗压强度，使用的圆柱形试样尺寸为 $150mm \times 300mm$。将下轴承座硬化面朝上，放置在试验机的工作台或台板上。将试件放在下轴承座上，将试件轴线对准上轴承座推力中心。连续施加负载，无冲击。当使用未粘结帽进行测试时，类似于图 1-1 所示的 5 型或 6 型的角部断裂可能在试件的极限承载力达到之前发生。继续压缩试件，直到用户确定已达到极限容量为止。记录试件在试验过程中所承受的最大荷载，并根据图 1-1 记录其断裂类型。

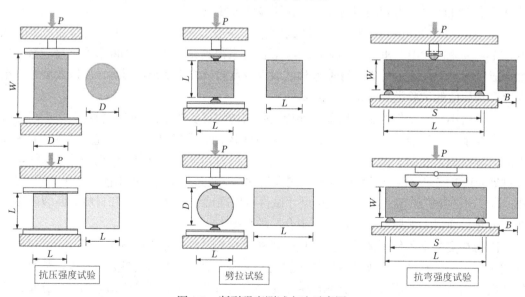

图 1-1　断裂强度测试方法示意图

Hamad 等[13]采用 ASTM C78[14]的测量抗弯强度。将试样的侧面相对于模制时的位置翻转，并将试样置于中间的支撑块。将加载块在第三点与试件表面接触，并施加 3%～6% 的估计极限力之间的力。连续加载试件，不冲击。负载应以恒定的速率施加到断裂点。施加荷载时，应使受拉面上的最大应力在 0.9～1.2MPa/min（125～175psi/min）之间，直到发生破裂。

《水工混凝土试验规程》SL/T 352—2020[15]给出了立方体试样测试混凝土劈裂抗拉强度的方法。每组三个试件，采用边长 150mm 的立方体试件，在成型前用湿筛法筛除粒径大于 40mm 的骨料。首先检查外观，测量劈裂面尺寸（精确到 1mm），将劈裂夹具放在试验机下压板的中心位置，在下侧加上垫条。然后设定试验机加载速度为 1.8～3.6MPa/min，使试验机连续而均匀地加荷直至试件破坏，记录破坏荷载 P（精确到 0.01kN）。如手动控制加载速度，当试件接近破坏而开始迅速变形时，应停止调整试验机油门直至试件破坏。

1.3　混凝土断裂韧度理论模型与测试方法

在 20 世纪初，断裂力学逐渐出现。许多大型工程出现了低应力破坏试件，这就需要对其进行结构分析。断裂力学在这一阶段已经有了一定的发展，但还需要进一步发展和完善。与传统力学不同的是，断裂力学认为微裂纹始终存在于所有构件材料中，而远离裂缝尖端的区域仍被假定为金属材料的均匀连续体。其本质是一门从力学角度考虑构件微裂纹与结构整体质量相关性的学科。

近年来，断裂力学理论快速发展，并且在工程中得到了检验。经过几十年的不断研究，无论是宏观断裂力学还是微观断裂力学都取得了很大的进展。然而，无论是从宏观还是微观的角度来研究断裂问题，都存在片面性。因此，宏观与微观相结合的研究成为未来断裂力学研究的新方向，可以更好地分析工程实践中的断裂问题。到目前为止，线弹性断裂力学的理论和应用已经较完善，可以成功地指导工程实践。近年来，弹塑性断裂力学也有了明显的发展，需进一步的发展和完善。线弹性和弹塑性断裂力学的发展和完善为断裂动力学研究提供了一定的基础。到目前为止，线性材料的断裂动力学还存在许多缺陷，更没有涉及非线性材料，这是断裂力学研究的迫切需要，也是另一主要研究方向。

1.3.1　断裂力学理论模型

人类发展史上，任一学科的诞生和发展大多都与当时的社会环境分不开。经两次世界大战之后，人类的科学技术水平有了日新月异的变化，这些科学技术的出现，既为人类带来了更高质量的生活，同时人类也为此付出了高昂的代价。20 世纪的泰坦尼克号轮船海难，在世人震惊的同时也更想知道真相，通过对打捞的残骸分析，泰坦尼克号轮船在设计之初，只单单考虑增加船体钢的强度而忽视了增加钢材强度同时会引起材料抗断能力的下降，再加上海水浸泡，使得船体材料变脆，船体容易发生折断。不止如此，二战期间美国有将近 1000 艘全焊接舰艇发生断裂破坏，100 多个损坏处都是焊接缺陷等应力集中的地方。大多数断裂事故的发生都是破坏荷载远小于其强度极限。回顾传统材料力学设计只有当材料的拉伸应力达到强度极限才会发生断裂，但在材料力学中还有另外一个概念——应力集中，材料形状改变的部位会发生应力集中，集中程度和突变程度相关，若材料加工、结构成型过程中存在尖端缺口，即便尖端屈服应力值也会比远端应力大几百上千倍。所以为了避免这种断裂现象，先研究材料中可能存在的缺陷，再在考虑缺陷的情况下进行结构设计，断裂力学应运而生。断裂力学任务就是求得各类材料的断裂韧度，确定物体在给定的外力作用下是否发生断裂，建立断裂准则，研究荷载作用下裂缝扩展规律等问题。

1921 年，英国物理学家 Griffith 根据能量平衡原则，研究分析玻璃、陶瓷等脆性材料的断裂裂缝扩展，提出 Griffith 微裂纹理论[16]，理论认为断裂并不是两部分晶体同时沿整个界面拉断，而是裂纹扩展的结果，并在此基础上提出能量释放率G的概念，G即裂纹扩展单位面积所能提供的能量，认为材料的裂纹扩展释放的能量大于G的临界值时就会出现断裂。G准则的提出奠定了经典断裂力学的发展。

1957 年，美国科学家 Irwin 提出一个与 Griffith 微裂纹理论等效的断裂力学能量方法，将能量释放率G和应力强度因子K巧妙地联系起来，K用来描述裂纹附近的应力集中，认为材料的裂纹尖端应力场强度达到相应的临界值时发生断裂。应力强度因子K的，使得线弹性断裂力学得到进一步发展[17]。

1961 年，Wells 在大量试验和工程经验的基础上提出以裂纹尖端张开位移（COD）作为弹塑性情况下的断裂参数，并以此建立了相应的裂纹扩展准则，称为 COD 断裂准则。即当裂纹尖端张开位移达到临界值时裂纹开始扩展，随着裂纹扩展，材料阻力也在增大，当裂纹达到材料承受的最大裂纹 COD 时发生断裂。COD 准则也存在缺点，它是处于理想状况下，与实际的裂纹尖端变形情况存在明显差异[18]。

1968 年，美国科学家 Rice 提出弹塑性断裂力学最重要的一个概念——J积分理论，打破了 COD 准则限制，它不需要裂纹尖端模型的任何假定，避开了裂纹尖端附近的弹塑性应力场，是一个被严格定义的应力应变场参量。J积分与积分路径无关，数值可以通过有限元计算或者试验方法可靠确定，可以作为弹塑性带裂缝结构的断裂准则，与线弹性断裂力学的应力强度因子K构成了断裂力学最核心的概念[19]。

1961 年，Kaplan 首次将断裂力学概念运用在混凝土材料中，进行断裂韧度试验。随着研究工作的不断深入，考虑混凝土自身特点，结合断裂力学，结合能反映混凝土本身特点的新假定、新理论和新试验方法，从而逐渐形成了混凝土断裂力学[20]。

随着国内外学者对混凝土裂缝扩展和断裂规律的深入研究，出现众多与混凝土有关的非线性断裂模型。Hillerborg 等[21]提出一个为混凝土断裂力学树立标杆的虚拟裂缝模型，Bažant 等[22-23]提出了著名的裂缝带模型和尺寸效应模型，以及 Jenq 等[24]提出的双参数断裂模型，Xu 等[25]经长期努力提出目前应用广泛的双K断裂模型，以及后来受双K模型启发提出的双G断裂模型等[26]。本书着重介绍 Hu 和 Duan 等提出的边界效应模型。

2000 年 Hu[27]首次提出了一种不同于断裂力学常见的尺寸效应模型，引入一个参考裂缝长度a^*，它是由金属无限大板的屈服强度σ_y和断裂韧度K_{IC}的交集定义代表理想的脆性/延性断裂过渡的裂纹长度。认为试件的断裂过渡是由裂缝尺寸比控制的，即相对裂缝a/a^*。2004 年 Hu 等[27-33]正式提出了边界效应断裂模型，边界效应充分描述了无限大板的准脆性断裂行为，并且打破尺寸效应的局限性，几何相似试件尺寸变化确实可以出现明显的尺寸效应，但试件的尺寸并不是试件断裂最重要的影响因素，他们认为这种无限大板的准脆性断裂行为是通过裂纹尖端的断裂过程带（FPZ）到试件正面边界的距离即裂缝长度 a 相互作用造成的。边界效应模型对于尺寸不变的非几何相似试件同样适用，此后 Hu 和 Duan 继续发展，从金属材料转移到混凝土等非金属材料，考虑试件前边界影响，将后边界影响同样考虑进来，引入一个关键参数——等效裂缝长度 a_e，等效裂缝长度 a_e 的提出将试件断裂的前后边界测量统一成单一的边界测量。并且结合混凝土没有屈服强度，引入混凝土拉伸强度 f_t 代替屈服强度，重新定义了考虑初始裂缝影响的名义应力 σ_n。

2016 年王玉锁等[34]和管俊峰等[35-36]对现有的混凝土断裂模型研究发现，最大骨料粒径 d_{max} 对混凝土断裂的影响很少被明确地包含在任何现有的断裂模型中。他们以常见的带缝三点弯曲梁试件为对象分析，基于边界效应断裂模型，普通实验室条件下混凝土试件尺寸 W 与最大粒径 d_{max} 比值一般为 5～20，混凝凝土试件的非均质性明显，在试件峰值荷载时对应的虚拟裂缝扩展量 Δa_{fic} 长度有限，Δa_{fic} 必须与最大骨料粒径 d_{max} 相连，他们用离散系数 β 将二者联系起来，令 $\Delta a_{fic} = \beta d_{max}$，用 β 的不确定性反映混凝土断裂的实际特征，相同试件的裂纹扩展也不尽相同，单个试件的 β 是不同的。根据对大量混凝土断裂试验数据的分析，建议 β 取 1～2。此后，通过对水泥砂浆[37]、岩石[38]、金属[39]等不同材料的试验验证，证明考虑虚拟裂缝扩展量的边界效应模型的合理性和适用性。同样对楔入劈拉试件[40]和四点弯曲试件[41]等非三点弯曲试件同样可以用改进的边界效应模型确定材料的断裂韧度和拉伸强度。

2018 年 Zhang 等[42]基于边界效应，根据正态分布对陶瓷材料的断裂参数进行预测，认为组成陶瓷的平均晶粒尺寸 G 与陶瓷的裂缝扩展相关，根据四种不同陶瓷断裂结果，确定特征裂缝与平均晶粒尺寸关系约为 $a_{ch}^* = 3G$，通过正态分布确定陶瓷的断裂韧度和拉伸强度的平均值和标准差，构建断裂破坏曲线，可覆盖全部试验数据。

2019 年刘问等[43]创新性地将 BEM 应用到竹基纤维复合材料当中，研究竹基纤维复合材料的横向 I 型断裂，将虚拟裂缝扩展量 Δa_{fic} 与平均晶粒度 G 相关联，令 $\Delta a_{fic} = \beta_{av} G$，通过竹基纤维复合材料的三点弯曲试件加载试验，获得较为理想的断裂韧度和拉伸强度，验证 BEM 在竹基纤维复合材料中的适用性。

2020 年管俊峰等[44]不局限于传统带预制缝试件，为更切合工程结构实际情况，考虑研究无宏观裂缝试件确定混凝土和岩石的断裂韧度，提出由无缝试件确定混凝土和岩石断裂韧度的模型方法，根据对花岗岩无缝试件断裂试验和与国内外学者试验研究结果比较，仅需测得无缝试件的峰值荷载，即可直接确定出无尺寸效应的混凝土与岩石的断裂韧度，为实验室小尺寸试件确定混凝土和岩石无尺寸效应的断裂韧度提供了新的技术路线。

自 20 世纪以来，国内外断裂力学飞速发展，从最开始研究金属材料范畴，扩展到玻璃、陶瓷、竹子、混凝土、岩石等非金属材料。从结构宏观裂缝深入到微观缺口，未来还有更进一步的趋势。根据裂缝尖端的变化，目前断裂力学研究方向多为线弹性性断裂力学，随科学技术发展另一重要方向弹塑性断裂开始逐渐受到关注，并取得了一些研究成果，但还需深入探索。根据外部荷载加载方式不同，衍生出断裂力学另一研究分支即断裂动力学，尚处于研究初期。由于动力学加载现象不易观测，所以研究比较困难。随着科学技术的进步，断裂的问题更需要受到重视，千里之堤溃于蚁穴，一个小的缺陷可能就会影响整体结构安全。

目前，实验室条件下的混凝土三点弯曲断裂试验所用试件高度W一般为 100～400mm，如：国际材料与结构研究实验联合会 RILEM(International Union of Laboratories and Experts in Construction Materials, Systems and Structures)规范[44]推荐水泥砂浆和混凝土材料三点弯曲断裂试验的试件高度$W = 100～400$mm；《水工混凝土断裂试验规程》 DL/T 5332—2005[45]推荐三点弯曲试件高度$W = 200$mm。则试件高度W与其骨料最大粒径d_{max}（普通混凝土为 5～40mm）的比值$W/d_{max} \approx 5～20$，则对应试件韧带高度$W - a_0$（a_0为试件的初始裂缝长度）与d_{max}的比值$(W - a_0)/d_{max}$仅为 3～15，如图 1-2 所示。由此可见，对于实验室条件下的断裂试件，其骨料粒径尺寸相对于其自身结构或构件尺寸不能忽略，试件的非均质特性明显，对应的断裂破坏非脆性，而呈现准脆性断裂特征。

对于特高拱坝全级配水工混凝土，其骨料最大粒径d_{max}达到 150mm，其湿筛混凝土$d_{max} = 40$mm，W/d_{max}和$(W - a_0)/d_{max}$相对普通混凝土更小（即使浇筑试件高度达到 1000mm，其W/d_{max}也仅为 7～25，对应的$(W - a_0)/d_{max}$为 3～15，其非均质特性明显。因此，若仍将全级配水工混凝土试件视为均质连续体，而不考虑骨料及试件边界对断裂破坏的重要影响，则不能真实反映其断裂破坏的本质机理。

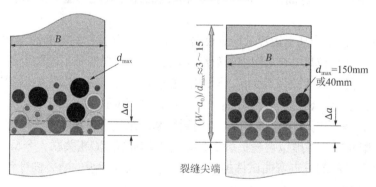

图 1-2　考虑骨料粒径影响的全级配水工混凝土试件断裂的边界效应

前期学者们建立的可描述材料准脆性断裂特性的力学模型，是基于连续介质力学理论，如：虚拟裂缝模型[46]、尺寸效应模型[47-49]、双参数模型[50-51]、有效裂缝模型[52]、分形模型[53]、双K模型[54-58]、边界效应模型[59-62]等。上述模型的有效性已得到相关试验的验证，并获得了广泛应用。但是，模型中对应的理论表达式中都未包含骨料颗粒这一重要参数。虽然学者们进行了骨料粒径对材料断裂特性影响的试验研究（断裂能[63-64]、断裂韧度[65-66]、拉伸软化曲线[67]等），但并未能建立起可考虑骨料颗粒影响的理论模型。考虑到实验室条件下试件的W/d_{max}或$(W - a_0)/d_{max}$相对较小，因此，现有的应用于混凝土类材料研究的连续介质力学模型需进行修正。三维数值模型[68-76]虽可模拟骨料颗粒的物理形状，并在一定程度上解释准脆性材料的断裂破坏机理，但却未能给出断裂破坏过程的解析闭合解，且数值仿真结果依赖于结构尺寸及仿真单元的材料参数选取等条件。

1.3.2　断裂韧度测试方法

混凝土材料参数——抗拉强度的直接确定方法一般采用轴心受力试件形式，间接测定可采用劈裂和抗折试件形式。大尺寸轴心受拉试件的制作及相应试验都较难完成（特别是对于骨料最大粒径$d_{max} = 150mm$ 的全级配水工混凝土）[77]，而小尺寸试件的结果存在明显的尺寸效应。另外，由于混凝土试件的非均质性（$W/d_{max} \approx 5\sim20$），即使试件能够几何对中，也非真正的物理对中，从而形成实际的偏心受力状态，使得试验结果存在较大误差与离散性。

现有基于线弹性断裂力学理论确定混凝土材料参数——断裂韧度的测试方法，借鉴于金属材料。金属切缝试件的裂缝尖端存在塑性区，若采用线弹性断裂力学理论确定其断裂韧性，则试件尺寸须相对足够大，使得塑性区影响可以忽略。在大量试验研究分析的基础上，目前确定金属断裂韧度K_{IC}所对应的试件尺寸和试验条件等的研究已较成熟，相关成果已应用于美国材料与试验协会（American Society for Testing and Materials，简称 ASTM）ASTM E399 规范。由于混凝土裂缝尖端存在微裂区，与金属材料初始裂缝尖端存在塑性区相似。因此，学者们也将 ASTM E399 规范类比应用于混凝土断裂韧度的测试评价中。ASTM E399 规范规定[78-79]：a_0和试件的韧带高度（$W - a_0$）以及试件厚度B都须大于一定值，才能基于线弹性断裂力学得到无尺寸效应的断裂韧度值K_{IC}。

然而，当初始裂缝a_0与试件尺寸W相比较小，即大试件含有小初始缝时，按 ASTM E399 的规定，断裂韧度K_{IC}就不能确定。例如，特高拱坝上存在一小裂缝，大坝坝段长度或者厚度可视为 m 级，而缺陷仅有 mm 级，则该情况下 ASTM E399 规范不能应用，则不能进行特高拱坝裂缝稳定性分析。

另外，若按 ASTM E399 规范规定，满足线弹性断裂力学条件的试件尺寸须足够大（如：岩石试件一般需超过 300mm，砂浆试件一般需超过 500mm，混凝土试件一般需超过 1000mm），才能忽略裂缝尖端的虚拟裂缝扩展得到无尺寸效应的材料断裂韧度。但是，普通实验室一般不具备浇筑和测试大尺寸试件的能力。实验室条件下试件的W/d_{max}或$(W - a_0)/d_{max}$相对较小而处于准脆性断裂状态。

《水工混凝土断裂试验规程》DL/T 5332—2005[45]的断裂韧度测试方法（图 1-3）：试件尺寸为 230mm×200mm×200mm，每组试件不得少于 5 个。量测试件外形尺寸和预制裂缝的长度后安装试件。在预制裂缝中间安装刀口薄钢板，安装夹式引伸计，安装传力装置及荷载传感器。启动加载装置，在荷载传感器、传力装置及试件即将接触时，开启数据采集系统并采集零点。加载并进行量测，加载应均匀，速率宜控制在 80～120N/s，直至试件破坏。每根试件的试验均按上述步骤进行，同一组试件的试验应在 24h 内连续完成。

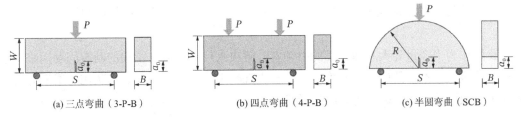

(a) 三点弯曲（3-P-B）　　　　　(b) 四点弯曲（4-P-B）　　　　　(c) 半圆弯曲（SCB）

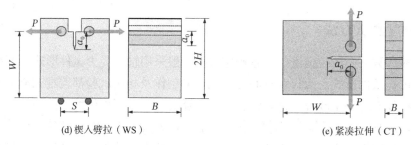

(d) 楔入劈拉（WS）　　　　　　　　　　　(e) 紧凑拉伸（CT）

图 1-3　断裂韧度测试方法示意图

1.4　本书主要内容

本书的主要研究内容包括：

（1）系统介绍已有的混凝土强度理论和断裂韧度理论的模型和测试方法。其中强度理论包括抗拉强度、抗压强度、抗弯强度、劈裂抗拉强度，断裂韧度理论包括能量释放率G、应力强度因子K、COD 断裂准则、J积分理论、双K模型、双G断裂模型等。测试方法则参考行业标准，包括 GB/T 50081—2019、ASTM C293、ASTM E399。

（2）本书新提出混凝土强韧兼容理论模型，无须分别测定混凝土的强度和韧度，大大简化试验流程。因为在实验室条件下的混凝土试件的骨料尺寸和岩石试件的颗粒尺寸与试件尺寸相比不能忽略，而且试件非均质明显，则试验结果出现离散性是必然的。因此分别用威布尔分布和正态分布描述断裂离散性。

（3）根据第 2 章提出的强韧兼容理论进行混凝土试验，包括骨料尺寸、水灰比、龄期这三个部分，力求确认每种因素对最终结果的影响以及确定公式。先说明试验概况和试验步骤，然后对试验数据进行拟合或求出正态分布的期望、方差，再建立混凝土破坏曲线，最终确定断裂韧度K_{IC}和抗拉强度f_t后对大尺寸混凝土破坏进行预测。用理论指导试验，用试验结果验证理论的正确性。

（4）根据第 2 章提出的强韧兼容理论进行钢纤维混凝土试验。根据基于正态分布得到的K_{IC}和f_t的均值μ和方差σ以及基于本书所提模型和设计方法确定的K_{IC}和f_t同时建立了钢纤维混凝土、钢纤维高强混凝土、高强混凝土断裂破坏全曲线，并建立了具有 95%保证率的$\mu \pm 2\sigma$的上、下限，用来描述钢纤维混凝土、钢纤维高强混凝土、高强混凝土试验数据的离散性。

（5）根据第 2 章提出的强韧兼容理论进行混杂纤维混凝土试验。建立峰值荷载下虚拟裂缝扩展与纤维-骨料体系之间的关系；基于 BEM 确定尺寸无关的 MFRC 断裂参数；通过 LEFM、DKFC 和 SEL 验证 BEM 所确定断裂参数的合理性；根据所确定的 MFRC 材料常数，建立预测 MFRC 结构断裂破坏的曲线/带，并确定满足 LEFM 要求的 MFRC 最小理论尺寸。

我国作为当今世界大基建建设的引领者，解决大尺寸混凝土结构的断裂问题面临着前所未有的挑战。本书的研究内容为进一步解决混凝土结构骨料粒径、水灰比、龄期等与获得无尺寸效应的问题，提供了方法与经验。

参 考 文 献

[1] 管俊峰，胡晓智，李庆斌，等. 边界效应与尺寸效应模型的本质区别及相关设计应[J]. 水利学报，2017, 48(8): 955-967.

[2] Annual book of ASTM Standards. Standard test method for plane-strain fracture toughness of metallic materials: ASTM E395[S]. Philadelphia, 1984.

[3] Franklin J A, Zongqi S, Atkinson B K, et al. Suggested methods for determining the fracture toughness of rock[J]. International Journal of Rock Mechanics and Mining Sciences & Geomechanics Abstracts, 1988, 25(2): 71-96.

[4] Fowell R J. Suggested method for determining mode I fracture toughness using Cracked Chevron Notched Brazilian Disc(CCNBD)specimens[J]. International Journal of Rock Mechanics and Mining Sciences & Geomechanics Abstracts, 1995, 32(1): 57-64.

[5] Lim I L, Johnston I W, Choi S K. Stress intensity factors for semi-circular specimensunder three-point bending[J]. Engineering Fracture Mechanics, 1993, 44(3): 363-382.

[6] Kuruppu M D, Chong K P. Fracture toughness testing of brittle materials using semi-circular bend(SCB) specimen[J]. Engineering Fracture Mechanics, 2012, 91: 133-150.

[7] Hu X Z, Wittmann F. Size effect on toughness induced by crack close to free surface[J]. Engineering Fracture Mechanics, 2000, 65(2-3): 209-221.

[8] Hu X Z. An asymptotic approach to size effect on fracture toughness and fracture energy of composites[J]. Engineering Fracture Mechanics, 2002, 69(5): 555-564.

[9] Bažant Z P. Size effect in blunt fracture: concrete, rock, metal[J]. Journal of Engineering Mechanics, 1984, 110(4): 518-535.

[10] 中华人民共和国住房和城乡建设部. 混凝土物理力学性能试验方法标准: GB/T 50081—2019[S]. 北京: 中国建筑工业出版社, 2019.

[11] Madandoust R, Kazemi M, Moghadam S Y. Analytical study on tensile strength of concrete[J]. Revista Romana de materiale = Romanian journal of materials = RRM, 2017, 47(2): 204-209.

[12] Annual book of ASTM Standards. Standard test method for plane-strain fracture toughness of metallic materials: ASTM C39[S]. Philadelphia, 2018.

[13] Hamad A J, Sldozian R J A. Flexural and flexural toughness of fiber reinforced concrete-American standard specifications review, GRD Journals-Global Research and Development Journal for Engineering. 2019, 4(3): 5-13.

[14] Annual book of ASTM Standards. Standard test method for plane-strain fracture toughness of metallic materials: ASTM C78[S]. Philadelphia, 2018.

[15] 中华人民共和国水利部.水工混凝土试验规程: SL/T 352—2020[S]. 北京: 中国水利水电出版社, 2021.

[16] Griffith A A. The phenomena of rupture and flow in solids[J]. Philosophical Transactions of The Royal Society A Mathematical Physical and Engineering Sciences, 1920, A221(4): 163-198.

[17] Irwin G R. Analysis of stresses and strains near the end of a crack traversing a plate[J]. Journal of Applied Mechanics, 1957, 24: 361-364.

[18] Wells A A. Unstable crack propagation in metals: cleavage and fast fracture[J]. Cranfield Crack Propagation Symposium, 1961, 1: 210.

[19] Rice J R. A path independent integral and the approximate analysis of strain concentration by notches and cracks[J]. Journal of Applied Mechanics, 1968, 35(2): 379-386.

[20] Kaplan M F. Crack propagation and the fracture of concrete[J]. Journal of the American concrete Institute, 1961, 58(5): 591-610.

[21] Hillerborg A, Modeer M, Petersson P E. Analysis of crack formation and crack growth in concrete by means of fracture mechanics and finite elements[J]. Cement and Concrete Research, 1976, 6(6): 773-781.

[22] Bažant Z P, Oh B H. Crack band theory for fracture of concrete[J]. Materiaux et Constructions (Materials and Structures), 1983, 16(3): 155-177.

[23] Bažant Z P, Pfeiffer P A. Determination of fracture energy from size effect and brittleness number[J]. ACI Materials Journal, 1987, 84(6): 463-480.

[24] Jenq Y, Shah S P. Two parameter fracture model for concrete[J]. Journal of Engineering Mechanics, 1985, 111(10): 1227-1241.

[25] Xu S, Reinhardt H W. Determination of double-K criterion for crack propagation in quasi-brittle fracture, Part Ⅱ: Analytical evaluating and practical measuring methods for three-point bending notched beams[J]. International Journal of Fracture, 1999, 98(2): 111-149.

[26] Xu S, Zhang X. Determination of fracture parameters for crack propagation in concrete using an energy approach[J]. Engineering Fracture Mechanics, 2008, 75(15): 4292-4308.

[27] Hu X Z, Wittmann F. Size effect on toughness induced by crack close to free surface[J]. Engineering Fracture Mechanics, 2000, 65(2-3): 209-221.

[28] Hu X Z, Wittmann F. Fracture energy and fracture process zone[J]. Materials and Structures, 1992, 25(6): 319-326.

[29] Hu X Z, An asymptotic approach to size effect on fracture toughness and fracture energy of composites[J]. Engineering Fracture Mechanics, 2002, 69(5): 555-564.

[30] Duan K, Hu X Z. Specimen boundary induced size effect on quasi-brittle fracture[J]. Strength, Fracture and Complexity, 2004, 2(2): 47-68.

[31] Hu X Z, Duan K. Size effect: Influence of proximity of fracture process zone to specimen boundary[J]. Engineering Fracture Mechanics, 2007, 74(7): 1093-1100.

[32] Hu X Z, Duan K. Size effect and quasi-brittle fracture: the role of FPZ[J]. International Journal of Fracture, 2008, 154(1-2): 3-14.

[33] Hu X Z, Duan K. Mechanism behind the size effect phenomenon[J]. Journal of engineering mechanics, 2010, 136(1): 60-68.

[34] Wang Y, Hu X Z, Liang L, et al. Determination of tensile strength and fracture toughness of concrete using notched 3-p-b specimens[J]. Engineering Fracture Mechanics, 2016, 160: 67-77.

[35] Guan J F, Hu X Z, Li Q. In-depth analysis of notched 3-p-b concrete fracture[J]. Engineering Fracture Mechanics, 2016, 165: 57-71.

[36] 管俊峰, 胡晓智, 王玉锁, 等. 用边界效应理论考虑断裂韧性和拉伸强度对破坏的影响[J]. 水利学报, 2016, 47(10): 1298-1306.

[37] 管俊峰, 姚贤华, 白卫峰, 等. 水泥砂浆断裂韧度与强度的边界效应和尺寸效应[J]. 建筑材料学报, 2018, 21(4): 556-560+575.

[38] 管俊峰, 钱国双, 白卫峰, 等. 岩石材料真实断裂参数确定及断裂破坏预测方法[J]. 岩石力学与工程学报, 2018, 37(5): 1146-1160.

[39] 管俊峰, 谢超鹏, 胡晓智, 等. 基于边界效应理论确定热轧碳素钢的韧度与强度[J]. 工程力学, 2019, 36(3): 231-239.

[40] Guan J F, Hu X Z, Xie C, et al. Wedge-splitting tests for tensile strength and fracture toughness of concrete[J]. Theoretical and Applied Fracture Mechanics, 2018, 93: 263-275.

[41] 袁鹏, 刘泽鹏, 毛虎跃, 等. 由四点弯曲试件确定混凝土的断裂与强度参数[J]. 混凝土, 2020(6): 25-29+32.

[42] Zhang C G, Hu X Z, Sercombe T, et al. Prediction of ceramic fracture with normal distribution pertinent to grain size[J]. Acta Materialia, 2018, 145: 41-48.

[43] Liu W, Yu Y, Hu X Z, et al. Quasi-brittle fracture criterion of bamboo-based fiber composites in transverse direction based on boundary effect model[J]. Composite Structures, 2019, 220: 347-354.

[44] RILEM TC-50 FMC (Draft Recommendation). Determination of the fracture energy of mortar and concrete by means of three-point bend tests on notched beams[J]. Materials and Structures, 1985, 18(106): 285-290.

[45] 中华人民共和国国家发展和改革委员会. 水工混凝土断裂试验规程: DL/T 5332—2005[S]. 北京: 中国电力出版社, 2006.

[46] Hillerborg A, Modeer M, Petersson P E. Analysis of crack formation and crack growth in concrete by means of fracture mechanics and finite elements[J]. Cement Concrete Research, 1976, 6(6): 773-782.

[47] Carpinteri A. Fractal nature of material microstructure and size effect on apparent mechanical properties[J]. Mechanics of Materials, 1994, 18(2): 89-101.

[48] Karihaloo B L. Size effect in shallow and deep notched quasi-brittle structures[J]. International Journal Fracture, 1999, 95: 379-390.

[49] Karihaloo B L, Abdalla H M, Xiao Q Z. Size effect in concrete beams[J]. Engineering Fracture Mechanics, 2003, 70(7-8): 979-993.

[50] Jenq Y S and Shah S P. Two parameter fracture model for concrete[J]. Journal Engineering Mechanics-ASCE, 111(10): 1227-1241.

[51] 管俊峰, 李庆斌, 吴智敏. 采用峰值荷载法确定全级配水工混凝土断裂参数[J]. 工程力学, 2014, 31(8): 8-13.

[52] Karihaloo B L, Nallathambi P. Effective crack model for the determination of fracture toughness(Ke IC) of concrete[J]. Engineering Fracture Mechanics, 1990, 35(4-5): 637-645.

[53] Carpinteri A, Chiaia B, Invernizzi S. Three-dimensional fractal analysis of concrete fracture at the meso-level[J]. Theoretical and applied fracture mechanics, 1999, 31: 163-172.

[54] Xu S L, Reinhardt H W. Determination of double-determination of double-K criterion for crack propagation in quasi-brittle fracture Part Ⅰ: experimental investigation of crack propagation[J]. International Journal of Fracture, 1999, 98(2): 111-149.

[55] Xu S L, Reinhardt H W. Determination of double-K criterion for crack propagation in quasi-brittle fracture, Part Ⅱ: Analytical evaluating and practical measuring methods for three-point bending notched beams[J]. International Journal of Fracture, 1999, 98(2): 151-177.

[56] 吴瑶, 徐世烺, 吴建营, 等. 双 K 断裂准则在丹江口大坝安全性评定中的应用[J]. 水利学报, 2015,

46(3): 366-372.

[57] Hu S W, Zhang X F, Xu S L. Effects of loading rates on concrete double-K fracture parameters[J]. Engineering Fracture Mechanics, 2015, 149: 58-73.

[58] Wu Y, Xu S L, Li Q H, et al. Estimation of real fracture parameters of a dam concrete with large size aggregates through wedge splitting tests of drilled cylindrical specimens[J]. Engineering Fracture Mechanics, 2016, 163: 23-36.

[59] Hu X Z, Wittmann F. Size effect on toughness induced by crack close to free surface[J]. Engineering Fracture Mechanics, 2000, 65(2-3): 209-221.

[60] Hu X Z. An asymptotic approach to size effect on fracture toughness and fracture energy of composites[J]. Engineering Fracture Mechanics, 2002, 69(5): 555-564.

[61] Hu X Z, Duan K. Size effect and quasi-brittle fracture: the role of FPZ[J]. International Journal of Fracture, 2008, 154(1): 3-14.

[62] Hu X Z, Duan K. Mechanism behind the size effect phenomenon[J]. Journal Engineering Mechanics-ASCE, 2010, 136(1): 60-68.

[63] Li Qingbin, Deng Zongcai, Fu Hua. Effect of aggregate type on mechanical behavior of dam concrete[J]. ACI Material Journal, 2004, 101(6): 483-492.

[64] Ohno K, Uji K, Ueno A, Ohtsu M. Fracture process zone in notched concrete beam under three-point bending by acoustic emission[J]. Construction and Building Materials, 2014, 67: 139-145.

[65] 吴智敏, 徐世烺, 刘红艳, 等. 骨料最大粒径对混凝土双 K 断裂参数的影响[J]. 大连理工大学学报, 2000, 40(3): 358-361.

[66] 徐世烺, 周厚贵, 高洪波, 等. 各种级配大坝混凝土双 K 断裂参数试验研究——兼对《水工混凝土断裂试验规程》制定的建议[J]. 土木工程学报, 2006, 39(11): 50-62.

[67] Elices M, Rocco C G. Effect of aggregate size on the fracture and mechanical properties of a simple concrete[J]. Engineering Fracture Mechanics, 2008, 75(13): 3839-3851.

[68] Lilliu G, Mier J G M V. 3D lattice type fracture model for concrete[J]. Engineering Fracture Mechanics, 2003, 70(7-8): 927-941.

[69] 马怀发, 陈厚群, 阳昌陆. 复杂动荷载作用下全级配混凝土损伤机理细观数值试验[J]. 土木工程学报, 2012(7): 175-182.

[70] 王娟, 李庆斌, 卿龙邦, 等. 基于细观结构统计特征的混凝土几何代表体尺寸研究[J]. 工程力学, 2012, 29(12): 1-6.

[71] 王娟, 李庆斌, 卿龙邦, 等. 混凝土单轴抗压强度三维细观数值仿真[J]. 工程力学, 2014, 31(3): 39-44.

[72] 杜修力, 金浏. 细观均匀化方法预测非饱和混凝土宏观力学性质[J]. 水利学报, 2013, 44(11): 1317-1332.

[73] 王立成, 邢立坤, 宋玉普. 混凝土劈裂抗拉强度和弯曲抗压强度尺寸效应的细观数值分析[J]. 工程力学, 2014, 31(10): 69-76.

[74] 张楚汉, 唐欣薇, 周元德, 等. 混凝土细观力学研究进展综述[J]. 水力发电学报, 2015, 34(12): 1-18.

[75] Zhou W, Yang L F, Ma G, et al. DEM analysis of the size effects on the behavior of crushable granular materials[J]. Granular Matter, 2016.

[76] Zhou W, Xu K, Ma G, et al. Effects of particle size ratio on the macro- and microscopic behaviors of binary mixtures at the maximum packing efficiency state[J]. Granular Matter, 2016, 18(4): 81.

[77] Li Q B, Deng Z C, Fu H. Effect of aggregate type on mechanical behavior of dam concrete[J]. ACI Material Journal, 2004, 101(6): 483-492.

[78] American Society for Testing and Materials. Standard test method for plane-strain fracture toughness testing of metallic materials:ASTM E399-90[S]. Philadelphia, 1990.

[79] American Society for Testing and Materials. Standard test method for linear-elastic plane-strain fracture toughness testing of high strength metallic materials:ASTM E399-12e2[S]. Philadelphia, 2013.

第 2 章

混凝土强度与韧度兼容理论和
模型介绍

结合第 1 章提出的混凝土强度理论和混凝土断裂韧度理论，第 2 章将提出一种全新的混凝土强韧兼容理论，旨在用一种理论同时测定出强度和韧度参数。考虑到裂缝分布的离散性，可以采用正态分布或威布尔分布进行分析。

2.1　混凝土强度与韧度兼容原理

自 20 世纪初，有关断裂力学的研究开始被逐渐报道。20 世纪中叶，由于第二次世界大战的破坏，许多国家的基础设施遭到严重破坏。因此，大量的基础设施，尤其是大型工程结构开始建设。在建设新的大型结构时，为了防止结构出现低应力破坏，这就需要分析其结构。

在这一阶段，有关断裂力学的研究飞速发展，获得了一定的成果。但这一成果仍需要进一步研究和完善。断裂力学在这一阶段已经有了一定的发展，但还需要进一步发展和完善。相较于以强度为准则的传统力学，断裂力学认为不存在没有裂纹的构件，所有构件内部均有细微的裂纹，同时把距离裂缝尖端较远的区域认为像金属材料那样是均匀的、连续的。断裂力学的本质是基于力学的视角考虑结构的整体质量和结构中每个构件内部细微裂纹之间相互关系的一门学科。

线弹性断裂力学仍然具有很大的局限性，因为只有在满足材料是完全脆性时，才能够运用线弹性断裂力学解决材料的断裂问题。但在实际的工程结构中构件裂纹尖端往往会出现大塑性区或者小塑性区。特别是在解决裂纹尖端出现较大塑性区的构件的断裂问题时，其最终的计算结果往往会相较于真实结果出现较大的偏差。因此，之后有关断裂力学的研究方向便集中于弹塑性断裂力学方向。

在以往的研究中，认为试件高度 W 是引起尺寸效应的主要原因，如图 2-1（a）所示。有关的尺寸效应理论模型常将试件的高度 W 作为关键参数来研究尺寸效应问题，如 Bažant 提出的尺寸效应模型（SEM），通过采用四组不同高度的几何相似试件来确定材料参数，如图 2-1（b）所示。尺寸效应模型不仅要求严格的几何相似，且试件的最大和最小高度之比大于 4。

然而，在实际中，岩石材料参数测试方法不同，试件几何形式不同，试件尺寸不同，得到的材料参数各不相同，且实验室条件下，由于岩石材料的自身的非均质性明显，即便完全相同的测试方法、试件几何形式、试件尺寸，得到的结果也有所差别。鉴于此，研究采用可反应试件加载形式、几何形式、试件尺寸的耦合量——结构几何参数 a_e 作为关键参数来研究尺寸效应（结构行为）问题，相比仅仅采用试件高度 W，结构几何参数 a_e 用于研究尺寸效应问题更有意义。结构几何参数 a_e 理论示意如图 2-1（c）所示，变化规律如图 2-1（d）所示。

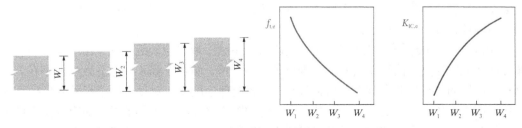

(a) 通常认为的"尺寸效应"

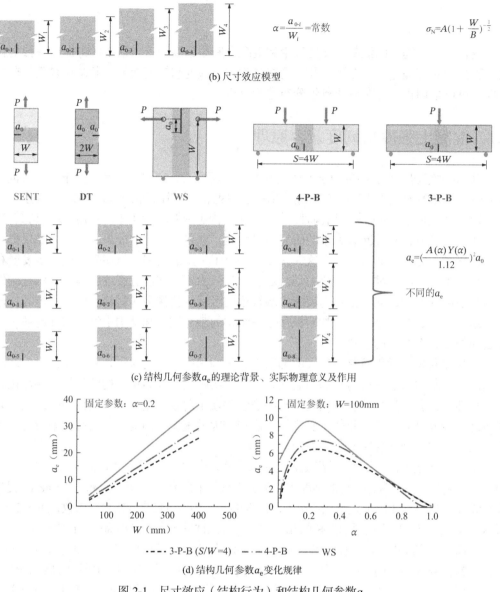

(b) 尺寸效应模型

(c) 结构几何参数 a_e 的理论背景、实际物理意义及作用

(d) 结构几何参数 a_e 变化规律

图 2-1　尺寸效应（结构行为）和结构几何参数 a_e

2016 年，管俊峰等[1]学者基于边界效应基本理论，将混凝土骨料最大粒径 d_{max} 作为计算参数引入边界效应模型具体计算公式中，并将虚拟裂缝扩展量定义为 $\Delta a_{fic} = \beta \cdot d_{max}$（$\beta$ 因试样而异，且取决于骨料分布和混凝土混合物的 d_{max} 百分比），发展了由三点弯曲试件确定混凝土材料的断裂参数的修正模型。并基于修正模型，对不同学者的混凝土试验结果进行分析验证，进一步验证了修正模型与方法的合理性。

2017 年，Wang 等[2]学者基于修正的边界效应模型，取虚拟裂缝扩展量 $\Delta a_{fic} = \beta \cdot g_{av}$ 对非几何相似的三点弯曲型花岗岩试样进行了试验分析，验证了修正的边界效应模型在岩石材料中应用的可行性和合理性。管俊峰等[3]学者在理论层面上对比分析了尺寸效应模型与边界效应模型的异同之处。研究发现：尺寸效应模型，缝高比 α 不同的试样具有 4 个不同参数的经验方程，并且尺寸效应模型仅可用于确定材料的断裂韧度。边界效应模型只需一个解析解，即可由具体的试验数据通过数据拟合同时得到材料的断裂韧度和拉伸强度；通过数据拟合得到的材料断裂韧度和拉伸强度建立了可以描述材料结构破坏的断裂破坏全曲线。

2018 年，管俊峰等[4]学者提出了"相对尺寸"的概念，"相对尺寸"的概念的提出，对由实验室条件下处于线弹性状态的小尺寸试件，确定无尺寸效应的材料断裂韧度及拉伸强度提供了新方法。并基于"相对尺寸"的概念，采用实验室条件下的小尺寸试件确定了水泥砂浆材料的断裂参数。管俊峰等[5]学者具体考虑了影响岩石断裂破坏的因素，将岩石的平均颗粒尺寸引入修正的边界效应模型中，从而实现了由小尺寸试件，确定无尺寸效应的岩石材料断裂韧度和拉伸强度的目的。基于确定的岩石材料断裂参数，进一步成功建立了可描述岩石材料塑性-准脆性-脆性完整的破坏全曲线。分别采用不同形式的试件组合试验验证，证明了该模型与理论在确定无尺寸效应的岩石材料断裂韧度和拉伸强度以及建立其破坏全曲线时的适用性。

根据 a_e/a_{ch}^* 的大小可判断试件破坏时受控于哪种准则（图 2-2）：

（1）当 $a_e/a_{ch}^* \leqslant 0.1$ 时，试件结构破坏受控于强度准则 f_t；

（2）当 $a_e/a_{ch}^* \geqslant 10$ 时，试件结构破坏受控于断裂韧度准则 K_{IC}；

（3）当 $0.1 \leqslant a_e/a_{ch}^* \leqslant 10$ 时，试件处于准脆性断裂状态。

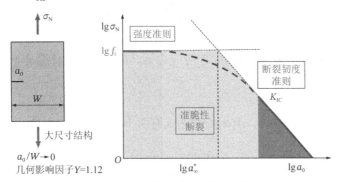

图 2-2 强韧兼容理论基本模型的阐述

2019 年，管俊峰等[6]学者提出了一种基于正态分布方法确定混凝土断裂韧度和拉伸强度的方法，该方法考虑了峰值荷载 P_{max} 下混凝土试件缺口尖端虚拟裂纹扩展 Δa_{fic} 的变化，以及虚拟裂纹扩展 Δa_{fic} 的变化导致混凝土断裂韧度和拉伸强度正态分布。分析了混凝土的骨料最大粒径 d_{max} 和特征裂缝 a_{∞}^* 之间的关系。利用边界效应模型建立了一个新的可以预测具有 95%可靠性的峰值荷载 P_{max} 的闭式解。

2021 年，管俊峰等[7]学者综合考虑边界效应模型和尺寸效应模型各自的优势以及特点，提出混凝土离散颗粒断裂模型。分别对骨料最大粒径 $d_{max} = 19mm$ 和 $d_{max} = 25mm$ 的几何与非几何相似混凝土试件进行试验分析，分析结果表明：当试件相对尺寸 $(W - a_0)/d_i \approx 10$ 时，确定的混凝土断裂韧度和拉伸强度与尺寸效应模型确定的断裂韧度值和试验强度值基本吻合，并且确定曲线具有最佳的相关系数。基于确定的断裂韧度和拉伸强度，建立了峰值预测的解析公式，进一步预测了满线弹性状态的大尺寸试件的峰值状态。

最近几年，边界效应理论开始被广泛应用到复合材料断裂破坏的尺寸效应机理研究。2019 年，Liu 等[8]学者将虚拟裂缝扩展量 Δa_{fic} 与竹基纤维的平均晶粒度 G 相联系，取 $\Delta a_{fic} = \beta_{av}$（$G$ 对 8 组不同高度 W、跨高比 S/W 和缝高比 α 的单边切口试样进行了试验分析，验证了边界效应模型在竹基纤维复合材料中的适用性。Xie 等[9]学者使用边界效应模型，对几何相似和非几何相似竹材试样进行三点弯曲断裂试验，研究了尺寸效应对竹材断裂参数拉伸强度f_t和断裂韧度K_{IC}的影响。曹鹏等[10]学者开展试验研究了三点弯曲纤维增强混凝土梁的抗断裂特性，并通过荷载-开口位移曲线评价了不同纤维掺量的混凝土抗断裂性能。

对于实验室的混凝土试件，边界效应理论模型基本解析表达式为：

$$\sigma_n = \frac{f_t}{\sqrt{1 + \dfrac{a_e}{a_{ch}^*}}} \tag{2-1}$$

式中：σ_n——考虑初始裂缝影响的名义应力；

$\quad\;\; f_t$——材料的拉伸强度；

$\quad\;\; a_e$——等效裂缝长度，只与试件尺寸与初始裂缝长度a_0相关，可视为试件本身的几何参数；

$\quad\;\; a_{ch}^*$——特征裂缝长度，同样为材料参数，可由无尺寸效应的断裂韧度K_{IC}和拉伸强度f_t确定。

基于边界效应基本理论，等效裂缝长度a_e的表达式如下：

$$a_e = \left[\frac{A(\alpha) \times Y(\alpha)}{1.12}\right]^2 \times a_0 \tag{2-2}$$

式中：α——缝高比，$\alpha = a_0/W$，a_0为初始裂缝长度；

$\quad A(\alpha)$——不考虑初始裂缝影响的结构应力σ_N与考虑初始裂缝影响的名义应力σ_n的比值；

$\quad Y(\alpha)$——几何影响参数。

根据试验加载方式的不同，$A(\alpha)$的表达式有所不同。具体如下所示：

$$A(\alpha) = (1 - \alpha)^2 \qquad\qquad \begin{matrix} \text{3-P-B} \\ \text{4-P-B} \end{matrix} \tag{2-3a}$$

$$A(\alpha) = \frac{2(1 - \alpha)^2}{2 + \alpha} \qquad\qquad \text{WS} \tag{2-3b}$$

根据试验加载方式的不同，$Y(\alpha)$的表达式也有所不同：

$$Y(\alpha) = \frac{1 - 2.5\alpha + 4.49\alpha^2 - 3.98\alpha^3 + 1.33\alpha^4}{(1 - \alpha)^{\frac{3}{2}}} \qquad \begin{matrix} \text{3-P-B} \\ S/W = 2.5 \end{matrix} \tag{2-4a}$$

$$Y(\alpha) = \frac{1.99 - \alpha(1 - \alpha)(2.15 - 3.93\alpha + 2.7\alpha^2)}{\sqrt{\pi}(1 + 2\alpha)(1 - \alpha)^{\frac{3}{2}}} \qquad \begin{matrix} \text{3-P-B} \\ S/W = 4 \end{matrix} \tag{2-4b}$$

$$Y(\alpha) = 1.122 - 1.121\alpha + 3.74\alpha^2 + 3.873\alpha^3 - 19.05\alpha^4 + 22.55\alpha^5 \quad \text{4-P-B} \tag{2-4c}$$

$$Y(\alpha) = \frac{(2 + \alpha)(0.866 + 4.64\alpha - 13.32\alpha^2 + 14.72\alpha^3 - 5.6\alpha^4)}{4\sqrt{\pi}(1 - \alpha)^{\frac{3}{2}}} \qquad \text{WS} \tag{2-4d}$$

结合式(2-2)～式(2-4)可得a_e关于α、a_0的表达式：

$$a_e(\alpha, a_0) = a_0 \times \left[\frac{(1-\alpha)^{\frac{1}{2}}}{1.12} \times (1 - 2.5\alpha + 4.49\alpha^2 - 3.98\alpha^3 + 1.33\alpha^4) \right]^2 \quad \begin{matrix} \text{3-P-B} \\ S/W = 2.5 \end{matrix} \quad (2\text{-}5a)$$

$$a_e(\alpha, a_0) = a_0 \times \left\{ \frac{(1-\alpha)^{\frac{1}{2}}}{1.12\sqrt{\pi}(1+2\alpha)} \times [1.99 - \alpha(1-\alpha)(2.15 - \right.$$
$$\left. 3.93\alpha + 2.7\alpha^2)] \right\}^2 \qquad \begin{matrix} \text{3-P-B} \\ S/W = 4 \end{matrix} \quad (2\text{-}5b)$$

$$a_e(\alpha, a_0) = a_0 \times \left[\frac{(1-\alpha)^2}{1.12} \times (1.122 - 1.121\alpha + 3.74\alpha^2 + 3.873\alpha^3 - \right.$$
$$\left. 19.05\alpha^4 + 22.55\alpha^5) \right]^2 \qquad \text{4-P-B} \quad (2\text{-}5c)$$

$$a_e(\alpha, a_0) = a_0 \times \left[\frac{(1-\alpha)^{\frac{1}{2}}}{2.24\sqrt{\pi}} \times (0.866 + 4.64\alpha - 13.32\alpha^2 + 14.72\alpha^3 - 5.6\alpha^4) \right]^2 \quad \text{WS} \quad (2\text{-}5d)$$

a_{ch}^* 为材料参数，可由无尺寸效应的断裂韧度 K_{IC} 和拉伸强度 f_t 由以下公式确定：

$$a_{ch}^* = 0.25 \left(\frac{K_{IC}}{f_t} \right)^2 \qquad (2\text{-}6)$$

根据图 2-3～图 2-5 中标称应力的矩形分布形式，根据力与力矩的平衡关系，可以得到标称应力 σ_n 的具体表达式：

$$\sigma_n = \frac{1.5 \frac{S}{B} P_{max}}{W^2 (1-\alpha) \left(1 - \alpha + 2\frac{\beta d_{max}}{W} \right)} \qquad \text{3-P-B} \quad (2\text{-}7a)$$

$$\sigma_n = \frac{\dfrac{P_{max}S - 2P_{max}T}{B}}{\dfrac{W_1 W_3^3 + W_1^4 + 6\beta d_{max} W_1^2 (W - a_0)}{6(W - a_0)^2} + (\beta d_{max})^2} \qquad \text{4-P-B} \quad (2\text{-}7b)$$

$$\sigma_n = \frac{P_{max}(3W_2 + W_1)}{6B \left[\dfrac{W_1^2}{6} + \dfrac{W_1}{6}(\beta d_{max}) + \left(\dfrac{W - a_0}{2} \right)(\beta d_{max}) \right]} \qquad \text{WS} \quad (2\text{-}7c)$$

$$W_1 = W - a_0 - \beta d_{max}, \quad W_2 = W + a_0 + \beta d_{max}, \quad W_3 = W - a_0 + \beta d_{max} \qquad (2\text{-}7d)$$

式中：S——支架跨度；

$\qquad B$——试件厚度；

$\qquad P_{max}$——试件实测峰值荷载；

$\qquad T$——4-P-B 两个加载点之间的距离。

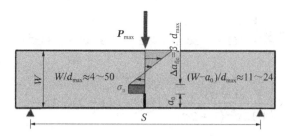

图 2-3　三点弯曲试件峰值荷载的应力分布

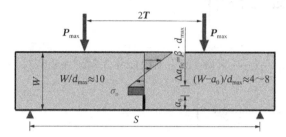

图 2-4　四点弯曲试件峰值荷载的应力分布

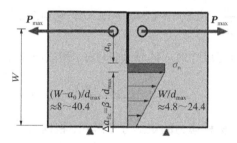

图 2-5　楔入劈拉试件峰值荷载的应力分布

2.2　混凝土强度与韧度正态分布理论和模型

正态分布断裂模型。正态分布在自然界、人类社会、心理等中大量应用，所以也叫作常态分布。根据正态分布公式的定义，在标准差和离散系数最小时可以得到相对稳定的概率分布，而且在正态分布中得到的上下限（$\mu \pm 2\sigma$）使得分析得到的结论具有 95% 的保证率。以最近正态分布在陶瓷上的应用为基础，正态分布可用于分析混凝土和岩石材料的准脆性断裂分析。

如参考文献[11]中所述，对于给定的混凝土，如果测试了许多混凝土试件，则可以从各个离散的试验数据建立起在裂缝尖端处的 Δa_{fic} 或 β（如 $\beta = \Delta a_{\text{fic}}/d_{\max}$）的正态分布，如图 2-6 所示。虽然在任意单个试件中，与其虚拟裂缝扩展量相关的离散系数 β，可以在 β 正态分布范围内的任何位置，但正态分布的中值 β_μ 可以适用于所有试件。

任何单个混凝土试件的离散系数 β 的不确定性和不可预测性，反映了试件随机分布的粗骨料结构的特征，但 β 的正态分布及其中值 β_μ 可以反映该混凝土的基本特征[11]。或者，如果选择具有一定可靠性的上限和下限，例如选择 $\beta_{\mu+2\sigma}$ 和 $\beta_{\mu-2\sigma}$（保证率为 95%），可用于确定 Δa_{fic} 和 $P_{\max}$ 中的离散带。对于 $W/d_{\max} \leqslant 20^{[12\text{-}15]}$ 的混凝土试件，其上限和下限分别为 $\beta_{\mu+2\sigma} = 1.5$ 和 $\beta_{\mu-2\sigma} = 0.5$（$\sigma = 0.25$），则 $\beta_\mu = 1.0$ 是一个合理的近似值。可以选择 $\beta = 1.0$

的时候，得到Δa_{fic}和$P_{\max}$的变化，然后测试混凝土的相关离散的断裂特性。

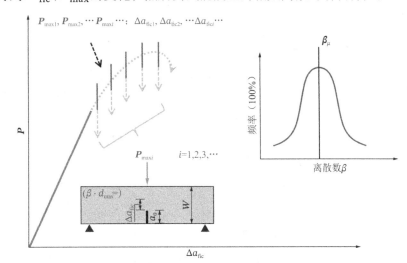

图 2-6　假定在裂缝尖端处的离散系数β（$=\Delta a_{\text{fic}}/d_{\max}$）为正态分布，即在裂缝尖端处的非均质骨料结构导致$\Delta a_{\text{fic}}$和$P_{\max}$出现离散

2.3　混凝土强度与韧度威布尔分布理论和模型

　　威布尔分布是一种典型的极值分布。目前，工程师们经常使用威布尔统计来分析脆性材料的失效。大量的研究结果表明，威布尔参数与缺陷的类型和尺寸有关[16-18]。此外，Quinn等人[19]报道了最低的牙科材料强度与最大的缺陷尺寸相关。这些研究人员还指出，"最大缺陷"的分布是不对称的。因此，采用正态分布来描述材料的强度和强度范围。为此，威布尔分布通常被认为是表征脆性强度的最佳选择。威布尔分布也用于其他材料的分析。例如，采用威布尔分布研究了钇稳定氧化锆（3Y-TZP）的微裂纹断裂韧性（Kmicro）[20]。当混凝土发生不稳定断裂时，脆性材料的威布尔强度分布与临界裂纹分布具有统计学上的联系。采用威布尔分布对沥青混合料的脆性断裂进行了研究。

　　基于混凝土材料的特性，混凝土材料中断裂参数的离散现象也可以用威布尔分布来描述。因为任何事态的发展关键在于最薄弱的环节，所以威布尔分布的三参数模型相比于正态分布增加了一个最小值参数，在这个最小值范围以内，材料发生破坏的概率为零。目前威布尔分布已经大量用于断裂方面的研究，在强度方面，采用威布尔分布来分析混凝土强度的尺寸效应[21]和混凝土的抗拉强度和抗压强度等[12]；在断裂韧度方面，将威布尔强度分布与混凝土不稳定断裂发生时的"临界"裂缝分布进行统计分析[22]，通过使用两参数和三参数威布尔分布分析岩石和混凝土的破坏概率[23]。

　　本节采用威布尔分布来分析混凝土的断裂参数（图 2-7）。威布尔分布断裂模型也是基于混凝土裂缝尖端周围高度非均质的微观结构、高度随机的裂缝尖端桥接和在峰值荷载$P_{\max}$下的各种不同虚拟裂缝扩展量Δa_{fic}假设的，而且威布尔分布区别于正态分布的是增加了一个最小值参数，因为影响事物发展的关键因素都是在最薄弱的环节，所以这也是威布尔分布具有一定保证性的原因，根据第 1 章绪论里面提到的威布尔分布已经在断裂方面的大量应用，该方法可用于分析混凝土的准脆性断裂分析。

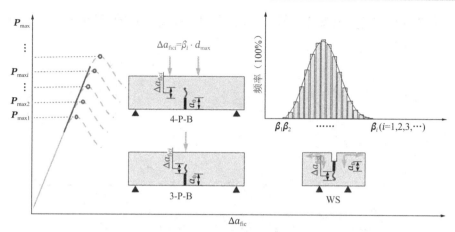

图 2-7　假定在裂缝尖端处的离散系数 β（$= \Delta a_{\text{fic}}/d_{\text{max}}$）为威布尔分布，
即在裂缝尖端处的非均质骨料结构导致 Δa_{fic} 和 P_{max} 出现离散

因为虚拟裂缝扩展量 Δa_{fic} 在裂缝尖端的变化遵循正态分布，导致测得的拉伸强度 f_{t} 和断裂韧度 K_{IC} 也呈正态分布。因此，可以提出用于确定 f_{t} 和 K_{IC} 的正态分布方法。

将式(2-1)变换为线性形式，结合式(2-5)可得：

$$\frac{1}{\sigma_{\text{n}}^2} = \frac{1}{f_{\text{t}}^2} + \frac{4a_{\text{e}}}{K_{\text{IC}}^2} \tag{2-8}$$

由式(2-8)可知，只要确定了名义应力 σ_{n} 与等效裂缝长度 a_{e}，即可通过试验数据的曲线回归的方式，同时给出其相应的材料参数——断裂韧度 K_{IC} 与拉伸强度 f_{t}。由此，建立了小尺寸试件的名义应力 σ_{n}、断裂韧度 K_{IC}、拉伸强度 f_{t} 三者间的理论关系表达式。

边界效应模型（BEM）定义的特征裂纹长度 a_{ch}^* 与骨料最大粒径 d_{max} 之比为常数 C：

$$C = \frac{a_{\text{ch}}^*}{d_{\text{max}}} = \frac{0.25\left(\dfrac{K_{\text{IC}}}{f_{\text{t}}}\right)^2}{d_{\text{max}}} \tag{2-9}$$

因此，可以利用 C、d_{max}、σ_{n}、a_{e} 的值结合式(2-8)和式(2-9)得到拉伸强度 f_{t} 和断裂韧性 K_{IC} 的表达式：

$$f_{\text{t}} = \sigma_{\text{n}}\sqrt{1 + \frac{a_{\text{e}}}{Cd_{\text{max}}}} \tag{2-10a}$$

$$K_{\text{IC}} = 2\sigma_{\text{n}}\sqrt{a_{\text{e}} + Cd_{\text{max}}} \tag{2-10b}$$

然后可以使用正态分布分析 f_{t} 结果，以获得相应的平均值 μ、标准偏差 σ 和离散系数 CV（$= \mu/\sigma$）。而且，可以通过公式(2-11)确定 f_{t} 和正态分布上下限 $\mu \pm 2\sigma$（具有 95%保证率），此分布随参数 β、C 的不同值而变化。

$$f(x) = \frac{1}{\sqrt{2\pi}\sigma}\text{e}^{\frac{(x-\mu)^2}{2\sigma^2}} \tag{2-11}$$

然后可以使用威布尔分布公式分析 f_{t} 和 K_{IC} 结果，以获得相应的平均值 μ、标准偏差 σ 和离散系数 CV（$= \mu/\sigma$）。

$$P_f(x \leqslant x_i) = F_i = \frac{N_i}{N} \tag{2-12}$$

其中，x_i是根据试验数据的计算结果，$P_f(x_i)$是计算结果等于或小于x_i的累计频率，N是计算结果的总数，N_i是计算结果等于或小于x_i的数量。

三参数威布尔分布的概率密度函数可以表示为：

$$P_f(x) = f(x) = \frac{K}{\alpha}\left(\frac{x - x_{min}}{\alpha}\right)^{K-1} \exp\left[-\left(\frac{x - x_{min}}{\alpha}\right)^K\right] x \geqslant x_{min} \tag{2-13}$$

相应地，概率分布函数为：

$$P_f(x \leqslant x_i) = F(x \leqslant x_i) = 1.0 - \exp\left[-\left(\frac{x_i - x_{min}}{\alpha}\right)^K\right] x_i \geqslant x_{min} \tag{2-14}$$

式中：α、K——分别为威布尔分布的尺寸和形状参数；

　　　x_{min}——位置参数（在本书中定为根据试验计算结果的拟合最小值），而且在该位置参数以下，发生破坏的可能性为零。

可以通过以下公式计算三参数威布尔分布的数学期望和方差：

$$\mu = E(x) = x_{min} + \alpha\Gamma\left(1 + \frac{1}{K}\right) \tag{2-15}$$

$$\sigma^2 = Var(x) = \alpha^2\left[\Gamma\left(1 + \frac{1}{K}\right) - \Gamma^2\left(1 + \frac{1}{K}\right)\right] \tag{2-16}$$

式中：Γ——伽马函数。

当x_{min}等于零时，更改为两参数威布尔分布的表达式：

$$P_f(x) = f(x) = \frac{K}{\alpha}\left(\frac{x}{\alpha}\right)^{K-1} \exp\left[-\left(\frac{x}{\alpha}\right)^K\right] \tag{2-17}$$

$$P_f(x \leqslant x_i) = F(x \leqslant x_i) = 1.0 - \exp\left[-\left(\frac{x_i}{\alpha}\right)^K\right] x_i \geqslant x_{min} \tag{2-18}$$

$$\mu = E(x) = \alpha\Gamma\left(1 + \frac{1}{K}\right) \tag{2-19}$$

$$\sigma^2 = Var(x) = \alpha^2\left[\Gamma\left(1 + \frac{1}{K}\right) - \Gamma^2\left(1 + \frac{1}{K}\right)\right] \tag{2-20}$$

根据三参数威布尔分布统计得到的拉伸强度f_t和断裂韧度K_{IC}，可以预测出完整的混凝土断裂预测线。根据三参数威布尔分布的概念，存在一个参数的最小值，依据这个最小值可以设定出材料参数的下限，即根据拉伸强度f_t和断裂韧度K_{IC}的最小值确定出一条最小值安全线作为参考。进一步，通过预测出的混凝土断裂预测线可以预测拉伸强度（f_t）控制区（$a_e/a_{ch}^* \leqslant 0.1$）、准脆性断裂区（$0.1 \leqslant a_e/a_{ch}^* \leqslant 10$）以及断裂韧度（$K_{IC}$）控制区（$a_e/a_{ch}^* \geqslant 10$）。

同时，本书亦对典型试件断裂韧度控制区的临界宽度W进行了预测，即$a_e/a_{ch}^* = 10$时的临界宽度。对于 3-P-B、4-P-B 和 WS，临界宽度为：

$$W = \frac{10a_{ch}^*}{\left[\frac{(1-\alpha)^2 \times Y(\alpha)}{1.12}\right]^2} \quad \begin{matrix} \text{3-P-B} \\ \text{4-P-B} \end{matrix} \tag{2-21a}$$

$$W = \frac{10a_{\mathrm{ch}}^*}{\left[\dfrac{\dfrac{2(1-\alpha)^2}{2+\alpha} \times Y(\alpha)}{1.12}\right]^2} \qquad \text{WS} \qquad (2\text{-}21\mathrm{b})$$

进行变换可得 3-P-B 的峰值荷载表达式：

$$P_{\max} = K_{\mathrm{IC}} \frac{W^2(1-\alpha)\left(1-\alpha+\dfrac{2\beta d_{\max}}{W}\right)}{1.12\sqrt{\pi}\,1.5\left(\dfrac{S}{B}\right)\left(\sqrt{Cd_{\max}+a_{\mathrm{e}}}\right)} = K_{\mathrm{IC}}A_{\mathrm{e}}^1 \qquad (2\text{-}22\mathrm{a})$$

$$P_{\max} = f_{\mathrm{t}} \frac{W^2(1-\alpha)\left(1-\alpha+\dfrac{2\beta d_{\max}}{W}\right)}{1.5\left(\dfrac{S}{B}\right)\left(\sqrt{1+\dfrac{a_{\mathrm{e}}}{Cd_{\max}}}\right)} = f_{\mathrm{t}}A_{\mathrm{e}}^1 \qquad (2\text{-}22\mathrm{b})$$

由此，根据三参数威布尔分布统计的拉伸强度 f_{t} 和断裂韧度 K_{IC} 结果，得到三点弯曲均值 $\mu\pm2\sigma$ 的 $P_{\max}$ 预测线（95%可靠度）以及断裂韧度控制区临界宽度（$a_{\mathrm{e}}/a_{\mathrm{ch}}^*=10$）对应的 $P_{\max}$。四点弯曲以及楔入劈拉试验的计算结果可采用类似的方法得到。

参 考 文 献

[1] Guan J F, Hu X Z, Li Q B, et al. In-depth analysis of notched 3-p-b concrete fracture[J]. Engineering Fracture Mechanics, 2016, 165: 57-71.

[2] Wang Y, Hu X. Determination of tensile strength and fracture toughness of granite using notched three-point-bend samples[J]. Rock Mechanics and Rock Engineering, 2017, 50(1): 17-28.

[3] 管俊峰, 胡晓智, 李庆斌, 等. 边界效应与尺寸效应模型的本质区别及相关设计应用[J]. 水利学报, 2017, 48(8): 955-967.

[4] 管俊峰, 姚贤华, 白卫峰, 等. 水泥砂浆断裂韧度与强度的边界效应和尺寸效应[J]. 建筑材料学报, 2018, 21(4): 556-560+575.

[5] 管俊峰, 钱国双, 白卫峰, 等. 岩石材料真实断裂参数确定及断裂破坏预测方法[J]. 岩石力学与工程学报, 2018, 37(5): 1146-1160.

[6] Guan J F, Yuan P, Hu X, et al. Statistical analysis of concrete fracture using normal distribution pertinent to maximum aggregate size[J]. Theoretical and Applied Fracture Mechanics, 2019, 101: 236-253.

[7] 管俊峰, 鲁猛, 王昊, 等. 几何与非几何相似试件确定混凝土韧度及强度[J]. 工程力学, 2021, 38(9): 45-63.

[8] Liu W, Yu Y, Hu X, et al. Quasi-brittle fracture criterion of bamboo-based fiber composites in transverse direction based on boundary effect model[J]. Composite Structures, 2019, 220: 347-354.

[9] Xie P, Liu W, Hu Y, et al. Size effect research of tensile strength of bamboo scrimber based on boundary

effect model[J]. Engineering Fracture Mechanics, 2020, 239: 107319.

[10] 曹鹏, 冯德成, 曹一翔, 等. 三点弯曲纤维增强混凝土缺口梁的断裂性能试验研究[J]. 工程力学, 2013, 30(S1): 221-225+231.

[11] Hu X Z, Guan J F, Wang Y S, et al. Comparison of boundary and size effect models based on new developments[J]. Engineering Fracture Mechanics, 2017, 175: 146-167.

[12] He X X, Xie Z H. Experimental study on statistical parameters of concrete strength based on weibull probability distribution[J]. Key Engineering Materials, 2011, 477: 224-232.

[13] Guan J F, Hu X Z, Xie C P, et al. Wedge-splitting tests for tensile strength and fracture toughness of concrete[J]. Theoretical and Applied Fracture Mechanics, 2018, 93: 263-275.

[14] 管俊峰, 王强, 胡晓智, 等. 考虑骨料尺寸的混凝土岩石边界效应断裂模型[J]. 工程力学, 2017, 34(12): 22-30.

[15] 管俊峰, 胡晓智, 王玉锁, 等. 用边界效应理论考虑断裂韧性和拉伸强度对破坏的影响[J]. 水利学报, 2016, 47(10): 1298-1306.

[16] Boyce B L, Grazier J M, Buchheit T E, et al. Strength Distributions in Polycrystalline Silicon MEMS[J]. Journal of Microelectromechanical Systems, 2007, 16: 179-190.

[17] Dusza J, Steen M. Fractography and fracture mechanics property assessment of advanced structural ceramics[J]. International Materials Reviews, 1999(5): 44.

[18] Flashner F, Zewi I G, Kenig S. Fractography and Weibull distribution relationship in optical fibres[J]. Fibre Science and Technology, 1983.

[19] Quinn J B, Quinn G D. A practical and systematic review of Weibull statistics for reporting strength of dental materials[J]. Dental materials: official publication of the Academy of Dental Materials, 2010, 26(2): 135-147.

[20] Hu X Z. Determination of pore distribution in yttria-stabilized zirconia from the Weibull strength distribution[J]. 1992.

[21] Carpinteri A, Ferro G, Invernizzi S. The nominal tensile strength of disordered materials: A statistical fracture mechanics approach[J]. Engineering Fracture Mechanics, 1997, 58(5): 421-435.

[22] Hu X Z, Liang L, Yang S. Weibull-strength size effect and common problems with size effect models[C]//International Conference on Fracture Mechanics of Concrete & Concrete Structures, 2013.

[23] Aliha M R M, Mahdavi E, Ayatollahi M R. Statistical Analysis of Rock Fracture Toughness Data Obtained from Different Chevron Notched and Straight Cracked Mode I Specimens[J]. Rock Mechanics and Rock Engineering, 2018.

第 3 章

混凝土强度与韧度参数兼容理论和
模型的研究

第 3 章的主要内容是混凝土的相关试验。做多组试验以确保每种因素的影响，确保模型的可用性和适用性，并对行为结果进行预测。第 2 章未详细介绍的虚拟裂缝扩展量也将在本章详细说明。

3.1　考虑相对尺寸的混凝土强韧参数测定方法

3.1.1　试验概况

对最大骨料粒径不同的混凝土断裂试验结果分析，两种混凝土配合比中所用粗骨料最大骨料粒径 d_{max} 分别为 19mm 和 25mm 的磁铁矿砾石，相对密度分别为 4.41 和 4.43。细骨料采用细度模数 3.3 的磁铁矿砂和 II 型硅酸盐水泥，骨料均在饱和面干的条件下使用，并且在搅拌过程中添加高效减水剂。如图 3-1 所示 $d_{max}=19mm$ 和 $d_{max}=25mm$ 的混凝土试件分别有几何相似和非几何相似试件两种试件类型，两种试件都是三点弯曲梁加载方式。

$d_{max}=19mm$ 和 25mm 的几何相似试件缝高比 $\alpha=0.3$，跨高比 $S/W=2.5$，非几何相似试件缝高比 $\alpha=0.1$、0.2、0.4、0.6，跨高比 $S/W\approx9.9$，试件宽度 B 恒定。根据 RILEM 要求，所有断裂试验均在闭环伺服电控万能试验机下进行，加载试验是位移控制的，施加恒定的位移速率，最大荷载 150kN。试件详细尺寸和峰值荷载 P_{max} 见表 3-1 和表 3-2。

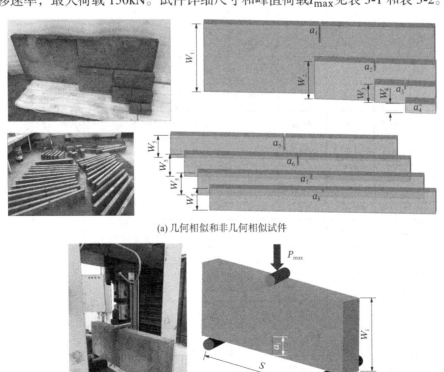

(a) 几何相似和非几何相似试件

(b) 三点弯曲加载设备

图 3-1　几何相似和非几何相似试件试验程序

表 3-1 和表 3-2 所示对 $d_{max} = 19mm$ 和 $d_{max} = 25mm$ 的混凝土，每组混凝土都制作边长 100mm 的立方体试件以测得抗压强度 f_c（基于 BS EN 12390[1]），和 $\phi150mm \times 300mm$ 的圆柱体试件以获得劈裂抗拉强度 f_{ts}（基于 ASTM C469[2] 和 ASTM C496[3]），根据尺寸效应模型（SEM）计算得到的对应的断裂韧度 $K_{IC,SEM}$。

由于知道 $d_{max} = 19mm$ 和 $d_{max} = 25mm$ 的混凝土粗骨料为连续级配，所以根据所提离散颗粒断裂模型，对 $d_{max} = 19mm$ 的混凝土，骨料颗粒代表值 d_i 大小可定为 $d_{max} = 19mm$，$d_{av1} = 12.5mm$，$d_{av2} = 9.5mm$，$d_{min} = 4.75mm$。相应地，$d_{max} = 25mm$ 的混凝土，骨料颗粒值可定为 $d_{max} = 25mm$，$d_{av1} = 19mm$，$d_{av2} = 12.5mm$，$d_{av3} = 9.5mm$，$d_{min} = 4.75mm$。

$d_{max} = 19mm$ 的混凝土试件尺寸和材料特性　　　　　　　　　　表 3-1

分组	编号	W（mm）	S（mm）	B（mm）	a_0（mm）	P_{max}（kN）	f_c（MPa）	f_{ts}（MPa）	$K_{IC,SEM}$（MPa·m$^{1/2}$）
几何相似试件	D19-0.3-1	57	142.5	57	17.1	3.22	57.5	6.7	1.39
	D19-0.3-2	57	142.5	57	17.1	3.16			
	D19-0.3-3	57	142.5	57	17.1	3.26			
	D19-0.3-4	114	285	57	34.2	5.24			
	D19-0.3-5	114	285	57	34.2	5.46			
	D19-0.3-6	114	285	57	34.2	5.48			
	D19-0.3-7	228	570	57	68.4	7.84			
	D19-0.3-8	228	570	57	68.4	8.12			
	D19-0.3-9	228	570	57	68.4	9.00			
	D19-0.3-10	456	1140	57	136.8	13.71			
	D19-0.3-11	456	1140	57	136.8	14.70			
	D19-0.3-12	456	1140	57	136.8	13.51			
非几何相似试件	D19-0.1-1	142.5	1410.75	57	14.25	2.24	57.5	6.7	1.39
	D19-0.1-2	142.5	1410.75	57	14.25	2.17			
	D19-0.1-3	142.5	1410.75	57	14.25	2.19			
	D19-0.2-1	142.5	1410.75	57	28.5	1.77			
	D19-0.2-2	142.5	1410.75	57	28.5	1.71			
	D19-0.2-3	142.5	1410.75	57	28.5	1.74			
	D19-0.4-1	142.5	1410.75	57	57	1.10			
	D19-0.4-2	142.5	1410.75	57	57	1.05			
	D19-0.4-3	142.5	1410.75	57	57	1.09			

续表

分组	编号	W （mm）	S （mm）	B （mm）	a_0 （mm）	P_{max} （kN）	f_c （MPa）	f_{ts} （MPa）	$K_{IC,SEM}$ （MPa·m$^{1/2}$）
非几何 相似试件	D19-0.6-1	142.5	1410.75	57	85.5	0.48			
	D19-0.6-2	142.5	1410.75	57	85.5	0.50	57.5	6.7	1.39
	D19-0.6-3	142.5	1410.75	57	85.5	0.49			

$d_{max}=25mm$ 的混凝土试件尺寸和材料特性　　　　　表 3-2

分组	编号	W （mm）	S （mm）	B （mm）	a_0 （mm）	P_{max} （kN）	f_c （MPa）	f_{ts} （MPa）	$K_{IC,SEM}$ （MPa·m$^{1/2}$）
几何相 似试件	D25-0.3-1	75	187.5	75	22.5	5.10			
	D25-0.3-2	75	187.5	75	22.5	5.01			
	D25-0.3-3	75	187.5	75	22.5	4.86			
	D25-0.3-4	150	375	75	45	8.01			
	D25-0.3-5	150	375	75	45	7.63	60.1	6.6	1.42
	D25-0.3-6	150	375	75	45	7.91			
	D25-0.3-7	300	750	75	90	14.20			
	D25-0.3-8	300	750	75	90	13.27			
	D25-0.3-9	300	750	75	90	13.85			
非几何 相似试件	D25-0.1-1	142.5	1410.75	57	14.25	2.27			
	D25-0.1-2	142.5	1410.75	57	14.25	2.39			
	D25-0.1-3	142.5	1410.75	57	14.25	2.31			
	D25-0.2-1	142.5	1410.75	57	28.5	1.77			
	D25-0.2-2	142.5	1410.75	57	28.5	1.87			
	D25-0.4-2	142.5	1410.75	57	57	1.14	60.1	6.6	1.42
	D25-0.4-3	142.5	1410.75	57	57	1.04			
	D25-0.6-1	142.5	1410.75	57	85.5	0.50			
	D25-0.6-2	142.5	1410.75	57	85.5	0.50			
	D25-0.6-3	142.5	1410.75	57	85.5	0.52			

3.1.2　考虑相对尺寸的混凝土虚拟裂缝扩展量计算方法

混凝土裂缝的扩展受骨料粒径和分布的影响。高度非均质混凝土的准脆性断裂，可归因于裂缝尖端虚拟裂缝扩展量 Δa_{fic} 内的裂缝桥接。考虑到混凝土骨料之间的咬合、互锁及拔出会在 P_{max} 处产生不连续的裂缝扩展，并反映骨料对高非均质混凝土试件的影响，从而把Δa_{fic}和骨料尺寸联系起来。

试验研究表明，三点弯曲混凝土试件中$W/d_{max}=5\sim10$，$\Delta a_{fic}\approx d_{max}$。且在以往的 BEM 中，对$W/d_{max}=5\sim20$的混凝土试件，采用了$\Delta a_{fic}=d_{max}$进行设计应用。

如图 3-2 所示，在实验室条件下的有限尺寸 3-P-B 混凝土试件裂缝扩展机理，即P_{max}处 Δa_{fic}随试件高度的变化而变化。

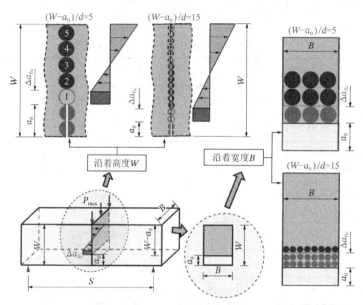

图 3-2　有限尺寸混凝土试件在峰值荷载P_{max}处虚拟裂缝扩展Δa_{fic}的变化

如图 3-2 所示，假设骨料的尺寸相同，为d（骨料的平均尺寸）。对于混凝土小尺寸试件$(W-a_0)/d=5\left[\right.$或$(W-a_0)/d=5\sim10\left]\right.$，由于韧带的物理控制及韧带高度（$W-a_0$）的压缩和张力区，$\Delta a_{fic}$的扩展受到限制。因此，$\Delta a_{fic}$逐步扩展为一个骨料（$\Delta a_{fic}=d$）。同样，如图 3-2 所示，对于混凝土大尺寸试件$\left[(W-a_0)/d=15\right.$或$(W-a_0)/d=15\sim20\left]\right.$，由于有相对较大的韧带高度（$W-a_0$），$\Delta a_{fic}$将逐步扩展为两个骨料（$\Delta a_{fic}=2d$）。

然而，由于实际混凝土试件中骨料尺寸的不同，实际情况是复杂的。因此，应考虑实际混凝土骨料的级配。例如，中国溪洛渡弧坝的全级配混凝土粗集料可分为以下四类：$5\sim20mm$、$20\sim40mm$、$40\sim80mm$ 和 $80\sim150mm$。对于中国三峡大坝的三级混凝土，粗集料可分为 $5\sim20mm$、$20\sim40mm$ 和 $40\sim80mm$。Nikbin 等人和 Beygi 等人研究的自密实混凝土试验结果表明，粗集料可分为 $4.75\sim9.5mm$、$9.5\sim12.5mm$ 和 $12.5\sim19mm$。在试验研究中，Alam 等人采用了均分为 12 类的三种混凝土骨料含量，绘制了完整的混凝土骨料分级曲线，且在 13 个筛网上测定了骨料的细度模数，确定了骨料的级配曲线。以国家规范为例，在 BS 882：1992 中，确定粗骨料级配曲线的筛孔尺寸分别为 5.0mm、10.0mm、14.0mm、20.0mm、37.5mm 和 50.0mm。在 ASTM C33/C33M-18 中，确定粗骨料级配曲线的 13 个筛孔尺寸分别如下：$300\mu m$ 和 2.36mm、4.75mm、9.5mm、12.5mm、19.0mm、25mm、37.5mm、50mm、63mm、75mm、90mm 和 100mm。在《水工混凝土试验规程》SL/T 352—2020 中，确定粗骨料级配曲线的 6 个筛子尺寸分别为 5mm、10mm、20mm、40mm、80mm、150mm 或 120mm。在《建设用卵石、碎石》GB/T 14685—2022 中，确定粗骨料级配曲线的 9 个筛子尺寸分别为 2.36mm、4.75mm、9.5mm、16.0mm、19.0mm、26.5mm、31.5mm、37.5mm 和 53.0mm。

在确定混凝土的材料参数 K_{IC} 和 f_t 时，考虑了实际的混凝土级配曲线。如图 3-3 所示，考虑筛孔尺寸的混凝土骨料级配可表示为 $d_1 \sim d_2 \sim d_3 \sim d_4$ 和 $d_1 > d_2 > d_3 > d_4$。d_1 表示最大粗骨料尺寸，即 $d_1 = d_{max}$。d_4 表示最小粗骨料尺寸，即 $d_4 = d_{min}$。d_2 和 d_3 表示中间粗骨料尺寸。例如，在 Nikbin 等人和 Beygi 等人的自密实混凝土试验结果中，不同的粗骨料粒径分别为 19mm、12.5mm、9.5mm 和 4.75mm。因此，d_1、d_2、d_3 和 d_4 分别为 19mm、12.5mm、9.5mm 和 4.75mm。

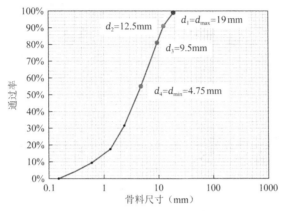

图 3-3　本书考虑的集料级配曲线

考虑到骨料对裂缝扩展的阻碍作用，则峰值荷载对应的虚拟裂缝扩展量应该被详细考虑和分析。虚拟裂缝形成之前，a_0 前面的区域高度不均匀[4]，容易形成单独的大裂缝。强烈的骨料互锁作用以及骨料互锁引起的增韧现象，应该考虑在虚拟裂缝扩展区内。由此，在给出的骨料级配曲线中，选取关键的骨料作为分析对象，和虚拟裂缝扩展量 Δa_{fic} 联系起来。

确定混凝土几何相似试件裂缝扩展量 Δa_{fic} 的具体方法如图 3-4 所示。

对于 Δa_{fic} 相对较窄的范围内不规则分布的骨料，为便于计算，可以对骨料进行有规律的分布，而其他区域的骨料分布保持不变。当 $(W - a_0)/d_1 = 5 \sim 15$ 时，可以将 P_{max} 处的 Δa_{fic} 假定为 d_1（ $= d_{max}$），这与先前的研究结果相似[5]。当 $(W - a_0)/d_1 < 5$ 时，Δa_{fic} 的值将受到限制。因此，将考虑次级骨料 d_2，即当 $(W - a_0)/d_2 = 5 \sim 15$ 时，Δa_{fic} 可假定为 d_2。同样，当 $(W - a_0)/d_2 < 5$ 时，将考虑第三个骨料 d_3；当 $(W - a_0)/d_3 = 5 \sim 15$ 时，Δa_{fic} 的值将进一步受到限制，Δa_{fic} 可以假定为 d_3。对于具有 $(W - a_0)/d_3 < 5$ 和 $(W - a_0)/d_4 = 5 \sim 15$ 的试件，Δa_{fic} 的值将受到限制，应考虑最小骨料尺寸 d_4，即 Δa_{fic} 为 d_4（ $= d_{min}$）。

上述分析结果可以概括为 $(W - a_0)/d_i = 5 \sim 15$，则 $\Delta a_{fic} = d_i$。如果 $(W - a_0)/d_{max} > 15$，但是 $(W - a_0)/(nd_{max}) = 5 \sim 15$，则 $\Delta a_{fic} = nd_{max}$。通过对自密实混凝土的试验验证了这一结论。

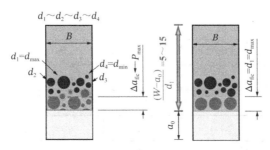

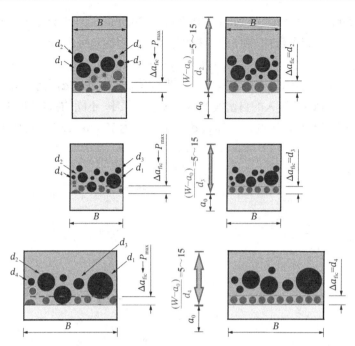

图 3-4　考虑骨料级配的混凝土几何相似试件的虚拟裂缝扩展量

3.1.3　混凝土强韧参数的测定方法

$d_{max} = 19mm$ 几何相似混凝土试件尺寸 $W = 57mm$、$114mm$、$228mm$、$456mm$，$\alpha = 0.3$。根据几何相似试件的 a_e 变化规律，当试件尺寸一致时 $\alpha = 0.3$ 的 a_e 变化范围较大，在拟合回归分析效果较好。根据所提模型，将几何相似试件的相对尺寸 $(W - a_0)/d_i$ 列入表 3-3 中。

考虑相对尺寸影响，对于 $\alpha = 0.3$ 小尺寸的几何相似试件（$W = 57mm$），若裂缝扩展受最大骨料粒径 d_{max} 控制，但相对尺寸 $\left[(W - a_0)/d_{max} = 2.1\right]$ 远小于 10，这时峰值荷载作用下裂缝扩展受到限制，则裂缝扩展量可能是由 d_{av1}、d_{av2} 或 d_{min} 控制。根据前面所提方法当 $(W - a_0)/d_i \approx 10$ 时，峰值荷载作用下可扩展一个骨料颗粒 d_i，当 $W = 57mm$ 时，仅可扩展一个最小的骨料粒径 $d_{min}\left[(W - a_0)/d_{min} = 8.4\right]$。而对于 $W = 456mm$ 的大尺寸几何相似试件，首先考虑 d_{max} 控制[6]，因为这时 $(W - a_0)/d_{max} = 16.8$ 远大于 10，则裂缝可连续扩展 2 个 $d_{max}\left[(W - a_0)/2d_{max} = 8.4\right]$。

所用 $d_{max} = 19mm$ 混凝土几何相似试件相对尺寸　　　　　　　　　表 3-3

分组	试件编号	$(W - a_0)/(2d_{max})$	$(W - a_0)/d_{max}$	$(W - a_0)/d_{av1}$	$(W - a_0)/d_{av2}$	$(W - a_0)/d_{min}$
	D19-0.3-1	1.05	2.1	3.19	4.2	8.4
$W = 57mm$	D19-0.3-2	1.05	2.1	3.19	4.2	8.4
	D19-0.3-3	1.05	2.1	3.19	4.2	8.4
	D19-0.3-4	2.1	4.2	6.38	8.4	16.8
$W = 114mm$	D19-0.3-5	2.1	4.2	6.38	8.4	16.8
	D19-0.3-6	2.1	4.2	6.38	8.4	16.8

分组	试件编号	$(W-a_0)/(2d_{max})$	$(W-a_0)/d_{max}$	$(W-a_0)/d_{av1}$	$(W-a_0)/d_{av2}$	$(W-a_0)/d_{min}$
	D19-0.3-7	4.2	8.4	12.77	16.8	33.6
$W=228mm$	D19-0.3-8	4.2	8.4	12.77	16.8	33.6
	D19-0.3-9	4.2	8.4	12.77	16.8	33.6
	D19-0.3-10	8.4	16.8	25.54	33.6	67.2
$W=456mm$	D19-0.3-11	8.4	16.8	25.54	33.6	67.2
	D19-0.3-12	8.4	16.8	25.54	33.6	67.2

　　基于本书所提模型与方法，采用 $d_{max}=19mm$ 的几何相似试件，在不考虑虚拟裂缝扩展量，虚拟裂缝扩展量统一取值和本书所提方法根据相对尺寸对虚拟裂缝扩展量个性化取值这三种情况下，根据拟合确定的该混凝土断裂韧度 K_{IC} 与拉伸强度 f_t 如图 3-5 和表 3-4 所示。

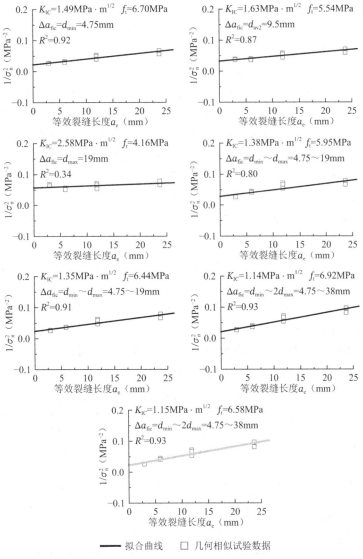

图 3-5　几何相似试件不同 Δa_{fic} 确定 $d_{max}=19mm$ 混凝土 K_{IC}, f_t

几何相似试件不同 Δa_{fic} 下 R^2 变化　　　　表 3-4

条件	$W=57mm$ $(W-a_0)/\Delta a_{fic}$	$W=114mm$ $(W-a_0)/\Delta a_{fic}$	$W=228mm$ $(W-a_0)/\Delta a_{fic}$	$W=456mm$ $(W-a_0)/\Delta a_{fic}$	R^2	K_{IC} (MPa·m$^{1/2}$)	f_t (MPa)
$\Delta a_{fic}=0$	—	—	—	—	0.93	1.41	8.57
$\Delta a_{fic}=d_{min}$	8.4	16.8	33.6	67.2	0.92	1.49	6.70
$\Delta a_{fic}=d_{av2}$	4.2	8.4	16.8	33.6	0.87	1.63	5.54
$\Delta a_{fic}=d_{av1}$	3.19	6.38	12.77	25.54	0.79	1.83	5.01
$\Delta a_{fic}=d_{max}$	2.1	4.2	8.4	16.8	0.34	2.58	4.16
$\Delta a_{fic}=d_{min}$、 d_{av2}、d_{av1}、d_{max}	8.4	8.4	12.77	16.8	0.91	1.35	6.44
$\Delta a_{fic}=d_{min}$、 d_{av1}、d_{max}、$2d_{max}$	8.4	6.38	8.4	8.4	0.93	1.14	6.92
$\Delta a_{fic}=d_{min}$、 d_{av2}、d_{max}、$2d_{max}$	8.4	8.4	8.4	8.4	0.93	1.15	6.58

由图 3-5 和表 3-4 可见：忽略峰值荷载时的虚拟裂缝扩展量 $\Delta a_{fic}=0$，造成确定的 f_t 偏大。基于本书模型，除 Δa_{fic} 统一取值外，考虑相对尺寸影响，确定其他 $\Delta a_{fic} \neq 0$ 情况下的 $K_{IC}=1.14 \sim 1.38MPa \cdot m^{1/2}$，与 SEM 确定值 $K_{IC,SEM}=1.39MPa \cdot m^{1/2}$ 基本吻合；其他 $\Delta a_{fic} \neq 0$ 情况确定的 $f_t=5.95 \sim 6.58MPa$，与试验值 $f_{ts}=6.70MPa$ 基本吻合。

$d_{max}=19mm$ 几何相似试件对应的相关系数 R^2 见表 3-4。对于不同试件高度，Δa_{fic} 统一取单个骨料大小时，特别是 $\Delta a_{fic}=d_{max}$ 时，数据拟合的相关系数 R^2 较小（$R^2=0.34$）。而当 Δa_{fic} 根据不同试件高度取值时，特别是对应的相对尺寸 $(W-a_0)/d_i \approx 10$ 左右时，R^2 达到最大值（$R^2=0.93$）。

$d_{max}=19mm$ 非几何相似混凝土试件缝高比 $\alpha=0.1$、0.2、0.4、0.6。根据非几何相似试件的 a_e 变化规律，只有当试件尺寸足够大时，a_e 才有较大的变化范围，在拟合回归分析效果较好。

本书确定 $d_{max}=19mm$ 的混凝土的材料参数，所用非几何相似试件的相对尺寸 $(W-a_0)/d_i$ 列入表 3-5。

不同缝高比的非几何相似试件，对于大缝高比（$\alpha=0.6$）的非几何相似试件，考虑 d_{max} 控制时，其相对尺寸 [$\alpha=0.6$，$(W-a_0)/d_{max}=3$] 较小，裂缝无法充分扩展，因此 P_{max} 时虚拟裂缝扩展量 Δa_{fic} 可由较小的骨料粒径 d_{av1}、d_{av2} 或 d_{min} 控制，如 d_{min} 控制时，相对尺寸 [$\alpha=0.6$，$(W-a_0)/d_{min}=12$]，满足所提模型方法，则这时 $\Delta a_{fic}=d_{min}$。

所用 $d_{max}=19mm$ 混凝土非几何相似试件相对尺寸　　　　表 3-5

分组	编号	$(W-a_0)/d_{max}$	$(W-a_0)/d_{av1}$	$(W-a_0)/d_{av2}$	$(W-a_0)/d_{min}$
$\alpha=0.1$	D19-0.1-1	6.75	10.26	13.5	27
	D19-0.1-2	6.75	10.26	13.5	27
	D19-0.1-3	6.75	10.26	13.5	27
$\alpha=0.2$	D19-0.2-1	6	9.12	12	24
	D19-0.2-2	6	9.12	12	24
	D19-0.2-3	6	9.12	12	24

分组	编号	$(W-a_0)/d_{max}$	$(W-a_0)/d_{av1}$	$(W-a_0)/d_{av2}$	$(W-a_0)/d_{min}$
$\alpha=0.4$	D19-0.4-1	4.5	6.84	9	18
	D19-0.4-2	4.5	6.84	9	18
	D19-0.4-3	4.5	6.84	9	18
$\alpha=0.6$	D19-0.6-1	3	4.56	6	12
	D19-0.6-2	3	4.56	6	12
	D19-0.6-3	3	4.56	6	12

　　基于本书所提模型与方法，采用 $d_{max}=19\text{mm}$ 的非几何相似试件[7]，在不考虑虚拟裂缝扩展量，虚拟裂缝扩展量统一取值和本书所提方法根据相对尺寸对虚拟裂缝扩展量个性化取值这三种情况下，拟合确定的该混凝土断裂韧度 K_{IC} 与拉伸强度 f_t 如图 3-6 和表 3-6 所示（图中表示未能计算出结果）。

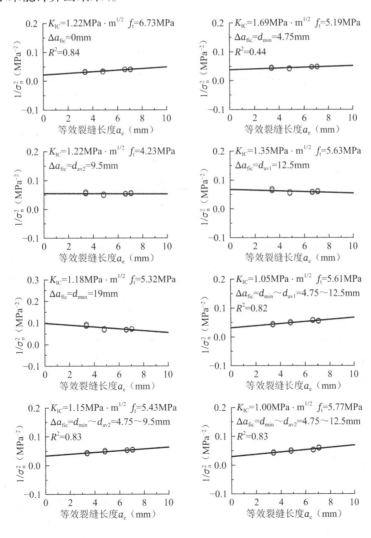

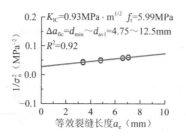

图 3-6　非几何相似试件不同 Δa_{fic} 确定 $d_{\max}=19\mathrm{mm}$ 混凝土 K_{IC}，f_{t}

由图 3-6 和表 3-6 可见：$\Delta a_{\mathrm{fic}}=d_{\mathrm{av2}}$，$d_{\mathrm{av1}}$，$d_{\max}$，回归方法失效或者相关系数 R^2（$\Delta a_{\mathrm{fic}}=d_{\min}$，$R^2=0.44$）较小。根据相对尺寸，个性化 $\Delta a_{\mathrm{fic}}\neq0$ 情况确定的 $K_{\mathrm{IC}}=0.93\sim1.15\mathrm{MPa}\cdot\mathrm{m}^{1/2}$，略小于 SEM 确定值 $K_{\mathrm{IC,SEM}}=1.39\mathrm{MPa}\cdot\mathrm{m}^{1/2}$（SEM 未考虑 Δa_{fic}）；确定的 $f_{\mathrm{t}}=5.43\sim5.99\mathrm{MPa}$，略小于试验值 $f_{\mathrm{ts}}=6.7\mathrm{MPa}$（一般情况 f_{ts} 大于 f_{t}），这与所用非几何相似试件的 a_{e} 变化范围相对较小有关。$d_{\max}=19\mathrm{mm}$ 非几何相似试件对应的相关系数 R^2 见表 3-6，缝高比的 Δa_{fic} 个性化取值时，特别是对应的相对尺寸 $(W-a_0)/d_i\approx10$ 左右时，R^2 达到最大值。

非几何相似试件不同 Δa_{fic} 下 R^2 变化　　　　表 3-6

条件	$\alpha=0.1$ $(W-a_0)/\Delta a_{\mathrm{fic}}$	$\alpha=0.2$ $(W-a_0)/\Delta a_{\mathrm{fic}}$	$\alpha=0.4$ $(W-a_0)/\Delta a_{\mathrm{fic}}$	$\alpha=0.6$ $(W-a_0)/\Delta a_{\mathrm{fic}}$	R^2	K_{IC} ($\mathrm{MPa}\cdot\mathrm{m}^{1/2}$)	f_{t} (MPa)
$\Delta a_{\mathrm{fic}}=0$	—	—	—	—	0.84	1.22	6.73
$\Delta a_{\mathrm{fic}}=d_{\min}$	27	24	18	12	0.44	1.69	5.19
$\Delta a_{\mathrm{fic}}=d_{\mathrm{av2}}$	13.5	12	9	6	—	—	—
$\Delta a_{\mathrm{fic}}=d_{\mathrm{av1}}$	10.26	9.12	6.84	4.56	—	—	—
$\Delta a_{\mathrm{fic}}=d_{\max}$	6.75	6	4.5	3	—	—	—
$\Delta a_{\mathrm{fic}}=d_{\mathrm{av1}}$、$d_{\mathrm{av2}}$、$d_{\mathrm{av2}}$、$d_{\min}$	10.26	12	9	12	0.82	1.05	5.61
$\Delta a_{\mathrm{fic}}=d_{\mathrm{av2}}$、$d_{\mathrm{av2}}$、$d_{\mathrm{av2}}$、$d_{\min}$	13.5	12	9	12	0.83	1.15	5.43
$\Delta a_{\mathrm{fic}}=d_{\mathrm{av2}}$、$d_{\mathrm{av1}}$、$d_{\mathrm{av2}}$、$d_{\min}$	13.5	9.12	9	12	0.83	1.00	5.77
$\Delta a_{\mathrm{fic}}=d_{\mathrm{av1}}$、$d_{\mathrm{av1}}$、$d_{\mathrm{av2}}$、$d_{\min}$	10.26	9.12	9	12	0.92	0.93	5.99

对 $d_{\max}=19\mathrm{mm}$ 的混凝土几何相似和非几何相似试件整体分析，不同情况下确定的该混凝土 K_{IC} 和 f_{t} 如图 3-7 所示。

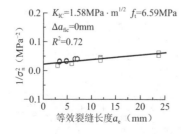
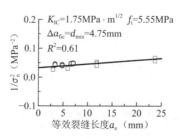

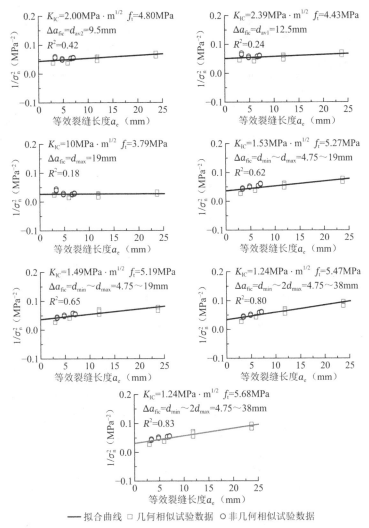

—— 拟合曲线　□ 几何相似试验数据　○ 非几何相似试验数据

图 3-7　几何相似与非几何相似试件确定 $d_{\max}=19\text{mm}$ 的混凝土 K_{IC}，f_t

3.1.4　混凝土结构特性的预测方法

1. 破坏曲线预测

对于粗骨料体积不同的混凝土试件（G30、G40、G50、G60、GB30、GB40、GB50、GB60），正态分布方法构建的三条预测曲线分别为平均值 μ（实线）、上限和下限（虚线，95% 可靠性），如图 3-8 所示。

如图 3-8 所示，具有 95% 可靠性的上下曲线可以覆盖 III 系列混凝土试件的所有试验数据。第 III 系列确定的 $W_{\min}$ 值如表 3-7 所示。由表 3-7 和图 3-8 的对比可知，III 系列混凝土试件最大相对尺寸为（$W=304.8\text{mm}$），$W/d_{\max}=24$，除 GB30 外，III 系列混凝土试件确定的 $W_{\min}/d_{\max}$ 值均大于 41。因此，除 GB30 外，混凝土试件表现出准脆性断裂。其中，GB30 的 $W_{\min}$ 为 293.4mm，相应的 $W_{\min}/d_{\max}=23$（保留到个位，余同），由于相对较高的 f_t 和较小的 K_{IC}（$f_t=9.81\text{MPa}$，$K_{IC}=0.78\text{MPa}\cdot\text{m}^{1/2}$），GB30 大尺寸混凝土试件（$W=304.8\text{mm}$，$W/d_{\max}=24$）满足 LEFM。

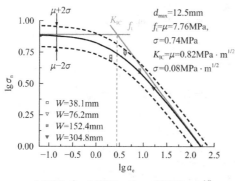

(a) G30 $f_t = 7.76\text{MPa}$ $K_{IC} = 0.82\text{MPa} \cdot \text{m}^{1/2}$
构建的断裂破坏曲线

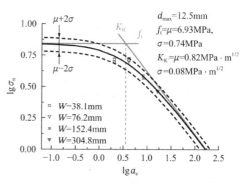

(b) G30 $f_t = 6.93\text{MPa}$ $K_{IC} = 0.82\text{MPa} \cdot \text{m}^{1/2}$
构建的断裂破坏曲线

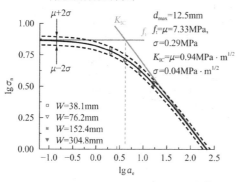

(c) G40 $f_t = 7.33\text{MPa}$ $K_{IC} = 0.94\text{MPa} \cdot \text{m}^{1/2}$
构建的断裂破坏曲线

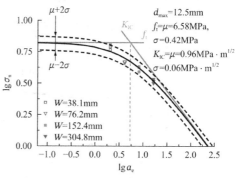

(d) G40 $f_t = 6.58\text{MPa}$ $K_{IC} = 0.96\text{MPa} \cdot \text{m}^{1/2}$
构建的断裂破坏曲线

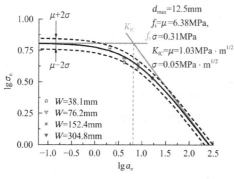

(e) G50 $f_t = 6.38\text{MPa}$ $K_{IC} = 1.03\text{MPa} \cdot \text{m}^{1/2}$
构建的断裂破坏曲线

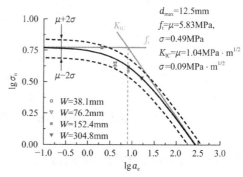

(f) G50 $f_t = 5.83\text{MPa}$ $K_{IC} = 1.04\text{MPa} \cdot \text{m}^{1/2}$
构建的断裂破坏曲线

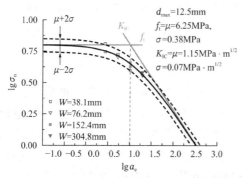

(g) G60 $f_t = 6.25\text{MPa}$ $K_{IC} = 1.14\text{MPa} \cdot \text{m}^{1/2}$
构建的断裂破坏曲线

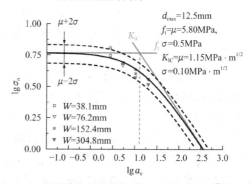

(h) G60 $f_t = 5.80\text{MPa}$ $K_{IC} = 1.15\text{MPa} \cdot \text{m}^{1/2}$
构建的断裂破坏曲线

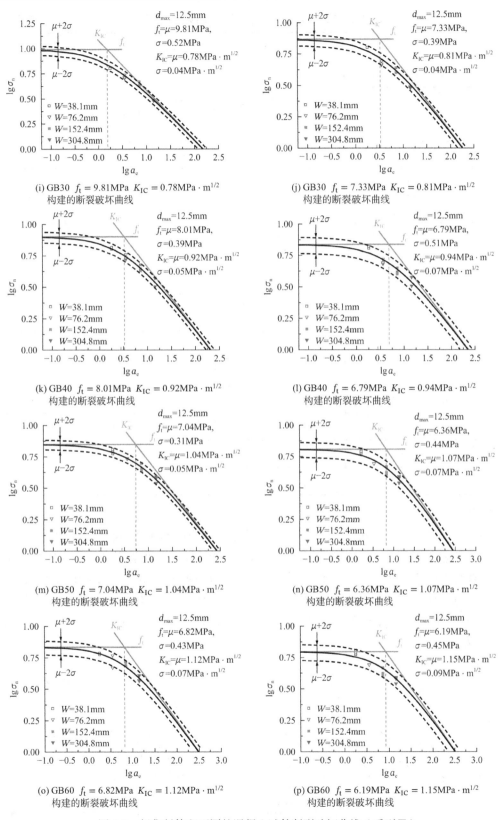

(i) GB30　$f_t = 9.81\text{MPa}$　$K_{IC} = 0.78\text{MPa} \cdot \text{m}^{1/2}$
构建的断裂破坏曲线

(j) GB30　$f_t = 7.33\text{MPa}$　$K_{IC} = 0.81\text{MPa} \cdot \text{m}^{1/2}$
构建的断裂破坏曲线

(k) GB40　$f_t = 8.01\text{MPa}$　$K_{IC} = 0.92\text{MPa} \cdot \text{m}^{1/2}$
构建的断裂破坏曲线

(l) GB40　$f_t = 6.79\text{MPa}$　$K_{IC} = 0.94\text{MPa} \cdot \text{m}^{1/2}$
构建的断裂破坏曲线

(m) GB50　$f_t = 7.04\text{MPa}$　$K_{IC} = 1.04\text{MPa} \cdot \text{m}^{1/2}$
构建的断裂破坏曲线

(n) GB50　$f_t = 6.36\text{MPa}$　$K_{IC} = 1.07\text{MPa} \cdot \text{m}^{1/2}$
构建的断裂破坏曲线

(o) GB60　$f_t = 6.82\text{MPa}$　$K_{IC} = 1.12\text{MPa} \cdot \text{m}^{1/2}$
构建的断裂破坏曲线

(p) GB60　$f_t = 6.19\text{MPa}$　$K_{IC} = 1.15\text{MPa} \cdot \text{m}^{1/2}$
构建的断裂破坏曲线

图 3-8　粗集料体积不同的混凝土试件断裂破坏曲线（系列Ⅲ）

满足 LEFM 的混凝土试件的最小尺寸 W_{min}（系列Ⅲ）　　　　表 3-7

	Δa_{fic}（mm）	K_{IC}（MPa·m$^{1/2}$）	f_t（MPa）	W_{min}（mm）	W_{min}/d_{max}
G30	$d_3 \sim d_3 \sim d_2 \sim 2 \times d_1$	0.82	7.76	518.2	41
	$d_3 - 2d_1$	0.82	6.93	649.7	52
G40	$d_3 \sim d_3 \sim d_2 \sim 2 \times d_1$	0.94	7.33	763.2	61
	$d_3 - 2d_1$	0.96	6.58	987.8	79
G50	$d_3 \sim d_3 \sim d_2 \sim 2 \times d_1$	1.03	6.38	1209.5	97
	$d_3 - 2d_1$	1.04	5.83	1476.8	118
G60	$d_3 \sim d_3 \sim d_2 \sim 2 \times d_1$	1.14	6.25	1543.9	124
	$d_3 - 2d_1$	1.15	5.80	1824.4	146
GB30	$d_3 \sim d_3 \sim d_2 \sim 2 \times d_1$	0.78	9.81	293.4	23
	$d_3 - 2d_1$	0.81	7.33	566.7	45
GB40	$d_3 \sim d_3 \sim d_2 \sim 2 \times d_1$	0.92	8.01	612.2	49
	$d_3 - 2d_1$	0.94	6.79	889.4	71
GB50	$d_3 \sim d_3 \sim d_2 \sim 2 \times d_1$	1.04	7.04	1012.7	81
	$d_3 - 2d_1$	1.07	6.36	1313.5	105
GB60	$d_3 \sim d_3 \sim d_2 \sim 2 \times d_1$	1.12	6.82	1251.5	100
	$d_3 - 2d_1$	1.15	6.19	1601.7	128

2. 强度及断裂韧度预测

基于 $d_{max} = 19$mm 和 $d_{max} = 25$mm 的混凝土几何相似和非几何相似试件的试验数据如表 3-1 和表 3-2 所示，将等效面积 $A_e^1(A_e^2)$ 作为 X 轴，试验峰值荷载 P_{max} 作为 Y 轴，通过原点的直线如图 3-9 所示，图中直线斜率就是 $d_{max} = 19$mm 和 $d_{max} = 25$mm 的混凝土材料的 K_{IC} 和 f_t。图中虚线是分别根据第 2 章做出的预测线，实线是依据正态分布方法确定的 $d_{max} = 19$mm 和 $d_{max} = 25$mm 的混凝土材料的 K_{IC} 和 f_t 虚线是具有 95%可靠性的 $\pm(\mu + 2\sigma)$ 线。

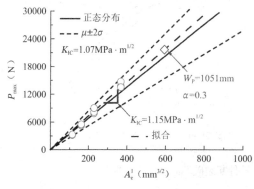
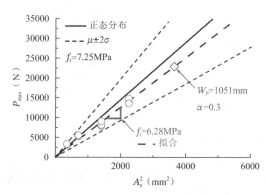

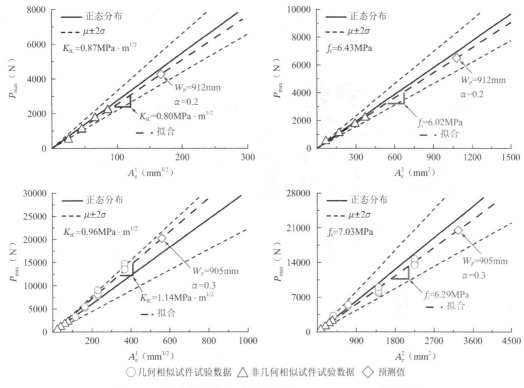

图 3-9　对最大骨料粒径不同的混凝土 $P_{\max}$、K_{IC}、f_t 进行预测

如图 3-9 所示，$d_{\max} = 19\text{mm}$ 和 $d_{\max} = 25\text{mm}$ 混凝土的 K_{IC} 和 f_t 通过 $P_{\max}$ 和 $A_e^1(A_e^2)$ 的线性函数斜率直接确定，确定的 K_{IC} 和 f_t 与正态分布方法确定的 $d_{\max} = 19\text{mm}$ 和 $d_{\max} = 25\text{mm}$ 混凝土的 K_{IC} 和 f_t 基本吻合。根据式(3-1)和式(3-2)，可以基于几何相似和非几何相似的小尺寸试件上确定材料参数，反之若确定了混凝土的 K_{IC}、f_t 则对于大尺寸的混凝土试件峰值荷载可以进行预测。根据确定的 $d_{\max} = 19\text{mm}$ 和 $d_{\max} = 25\text{mm}$ 混凝土几何相似和非几何相似试件满足线弹性断裂（LEFM）的试件尺寸 W_P（图 3-9），可以对满足 LEFM 的几何相似试件，非几何相似混凝土的试件尺寸 W_P 的峰值荷载进行预测，W_P 预测值如图 3-9 所示。例如对于 $d_{\max} = 19\text{mm}$ 的几何相似试件尺寸 $W_P = 1051\text{mm}$，$\alpha = 0.3$，考虑相对尺寸虚拟裂缝扩展量 $\Delta a_{\text{fic}} = 4d_{\max} \left[(W_P - a_0)/4d_{\max} \approx 9.68 \right]$ 等。

3.2　不同龄期的混凝土强韧参数测定及结构特性研究

3.2.1　试验概况

本书综合分析不同龄期（3d、7d、28d、90d）再生骨料混凝土（RAC）断裂试验结果，同时分析具有相同配合比的天然骨料混凝土（NAC）试验结果。再生骨料混凝土中的再生骨料来自养护时间 1 年的边长 150mm 混凝土立方体试块压碎后的废物，最大再生骨料粒径 12.5mm，相对密度 2.43。天然骨料混凝土使用粗骨料为天然碎石，相对密度 2.67，最大粗骨料粒径 12.5mm，两种混凝土具有相同配合比，细度模数 2.98，相对密度 2.61 的天然砂作为细骨料。

　　如图 3-10（a）、（b）所示，对三点弯曲加载的几何相似试件进行断裂加载试验，所有试件宽度（$B = 38.1\text{mm}$），跨高比（$S/W = 2.5$），缝高比（$a_0/W = 0.2$），保持恒定。试验采用位移控制的伺服控制试验机，按 RILEM 要求，控制位移速率进行加载。

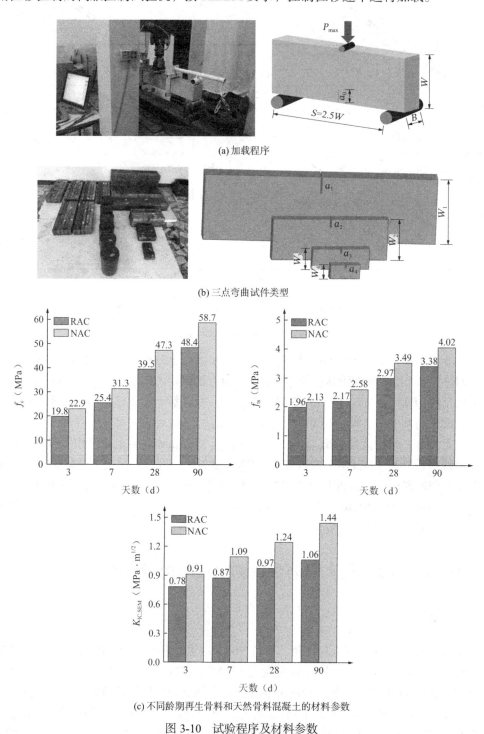

(a) 加载程序

(b) 三点弯曲试件类型

(c) 不同龄期再生骨料和天然骨料混凝土的材料参数

图 3-10　试验程序及材料参数

　　根据 Bažant 等提出的尺寸效应模型（SEM）计算再生骨料混凝土和天然骨料混凝土的

断裂韧度如图 3-10（c）所示。强度试验根据 BS EN 12390、ASTM C469、ASTM C496 等要求分别制作 100mm 立方体试件，直径 150mm，高度 300mm 的圆柱体试件，以测得不同龄期再生骨料混凝土抗压强度（f_c）和劈裂抗拉强度（f_{ts}），试验结果如图 3-10（c）所示。基于《混凝土结构设计标准》GB/T 50010—2010（2024 年版）中规定混凝土拉伸强度约为抗压强度的 1/12～1/8，确定再生骨料混凝土的拉伸强度 f_{tp}，试件详细尺寸信息及基本材料参数如表 3-8 所示，其余试验方案及峰值荷载详见文献[8]。

详细尺寸信息及材料参数[8] 　　　　　　　　　　表 3-8

类别	龄期 （d）	α	S （mm）	W （mm）	a_0 （mm）	f_c （MPa）	f_{ts} （MPa）	f_{tp} （MPa）	$K_{\text{IC,SEM}}$ （MPa·m$^{1/2}$）
再生骨料 混凝土	3	0.2	95.25	38.1	7.62	19.8	1.96	2.48～1.65	0.78
			190.5	76.2	15.24				
			381	152.4	30.48				
			762	304.8	60.96				
	7	0.2	95.25	38.1	7.62	25.4	2.17	3.18～2.12	0.87
			190.5	76.2	15.24				
			381	152.4	30.48				
			762	304.8	60.96				
	28	0.2	95.25	38.1	7.62	39.5	2.97	4.94～3.29	0.97
			190.5	76.2	15.24				
			381	152.4	30.48				
			762	304.8	60.96				
	90	0.2	95.25	38.1	7.62	48.4	3.38	6.05～4.03	1.06
			190.5	76.2	15.24				
			381	152.4	30.48				
			762	304.8	60.96				
天然骨料 混凝土	3	0.2	95.25	38.1	7.62	22.9	2.13	2.86～1.91	0.91
			190.5	76.2	15.24				
			381	152.4	30.48	22.9	2.13	2.86～1.91	0.91
			762	304.8	60.96				
	7	0.2	95.25	38.1	7.62	31.3	2.58	3.91～2.61	1.09
			190.5	76.2	15.24				
			381	152.4	30.48				
			762	304.8	60.96				
	28	0.2	95.25	38.1	7.62	47.3	3.49	5.91～3.94	1.24
			190.5	76.2	15.24				
			381	152.4	30.48				
			762	304.8	60.96				

续表

类别	龄期 （d）	α	S （mm）	W （mm）	a_0 （mm）	f_c （MPa）	f_{ts} （MPa）	f_{tp} （MPa）	$K_{\mathrm{IC,SEM}}$ （MPa·m$^{1/2}$）
天然骨料 混凝土	90	0.2	95.25	38.1	7.62	58.7	4.02	7.34~4.89	1.44
			190.5	76.2	15.24				
			381	152.4	30.48				
			762	304.8	60.96				

试验所用再生骨料筛分曲线，实际筛孔尺寸如图 3-11 所示。考虑本书所提模型，不同龄期再生骨料混凝土峰值荷载作用下虚拟裂缝扩展量 $\Delta a_{\mathrm{fic}} = d_i$ 中骨料颗粒 d_i 可取 $d_1 = d_{\max} = 12.5\mathrm{mm}$、$d_2 = 9.5\mathrm{mm}$、$d_3 = d_{\min} = 4.75\mathrm{mm}$。

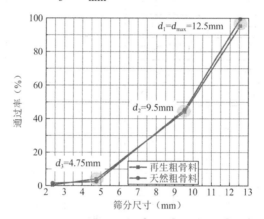

图 3-11　再生骨料和天然骨料筛分曲线[8]

3.2.2　不同龄期的混凝土虚拟裂缝扩展量计算方法

基于第 2 章提出的混凝土离散颗粒断裂模型，混凝土宏观裂缝的产生，实际是细观层面骨料的破坏，本书提出相对尺寸 $(W - a_0)/d_i$ 概念，对大量混凝土试验数据统计分析，针对养护龄期 28d 的混凝土，当峰值荷载 $P_{\max}$ 作用下的裂缝扩展区受到限制时，若 $(W - a_0)/d_i \approx 10$ 时，仅可扩展一个 d_i，确定 $P_{\max}$ 作用下的 28d 虚拟裂缝扩展量 Δa_{fic} 的简化计算方法即：

$$\Delta a_{\mathrm{fic}} = d_i \tag{3-1}$$

d_i 可基于构成混凝土的粗骨料粒径分布，筛分曲线等取值，可取 d_1、d_2、d_3，d_1 为最大骨料粒径 $d_{\max}$，d_3 为最小骨料粒径，d_2 为 $d_{\max}$ 和 $d_{\min}$ 中间的粒径值如图 3-12 所示。

对于不同龄期混凝土，在早龄期（3d、7d）混凝土未完全硬化，所以早龄期的混凝土结构偏弱，强度偏低，裂缝扩展需要克服阻力小，裂缝扩展区长，峰值荷载作用下虚拟裂缝扩展区长度应该大于 28d 和 90d 龄期如图 3-1 所示，经过对试验数据的统计分析，确定早龄期（3d、7d）的混凝土试件的虚拟裂缝扩展量的简化公式为：

3d 龄期

$$\Delta a_{\mathrm{fic}} = 4d_i \tag{3-2}$$

7d 龄期

$$\Delta a_{\mathrm{fic}} = 3d_i \tag{3-3}$$

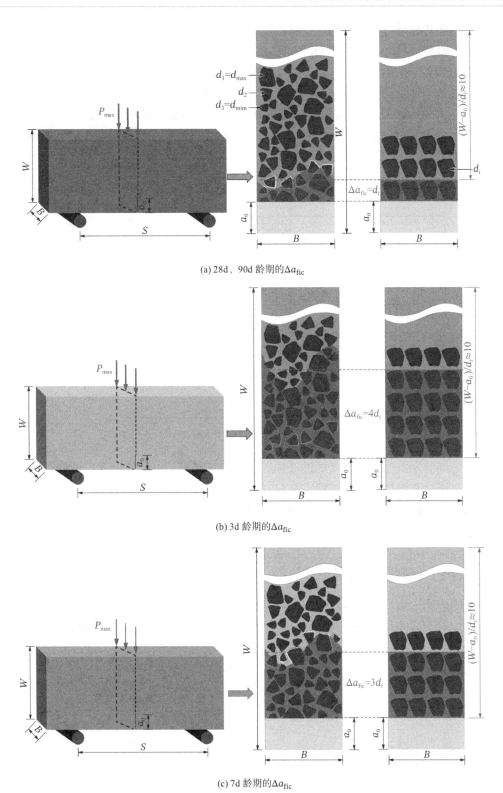

(a) 28d、90d 龄期的Δa_{fic}

(b) 3d 龄期的Δa_{fic}

(c) 7d 龄期的Δa_{fic}

图 3-12　考虑骨料颗粒的不同龄期细观混凝土断裂模型

基于第 2 章所提混凝土离散颗粒断裂模型，为了方便确定不同龄期混凝土的Δa_{fic}可以对裂缝区内的骨料进行简化整理。当混凝土试件韧带高度一定时，若$(W-a_0)/d_1 \approx 10$，仅可扩展一个骨料颗粒d_1，虚拟裂缝扩展量$\Delta a_{fic} = d_1$，若$(W-a_0)/d_1 \approx 10$不满足，则考虑次级骨料，若$(W-a_0)/d_2 \approx 10$，这时虚拟裂缝扩展量$\Delta a_{fic} = d_2$，若$(W-a_0)/d_2 \approx 10$不满足，则裂缝扩展进一步受到限制考虑第三级骨料，这时虚拟裂缝扩展量$\Delta a_{fic} = d_3$。若$(W-a_0)/d_1 \approx 10$，远大于10时，则虚拟裂缝扩展量可进一步扩展nd_1，n为正整数。

将确定的不同龄期混凝土的Δa_{fic}，引入边界效应模型确定峰值荷载P_{max}下的结构名义应力σ_n分布如图3-13所示。

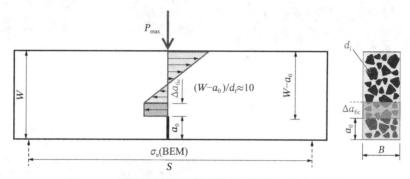

图3-13　考虑不同龄期虚拟裂缝扩展量影响的应力计算

根据图3-13应力分布峰值荷载下不同龄期混凝土的名义应力σ_n表达式为：

$$\sigma_n(P_{max}, \Delta a_{fic}) = \frac{1.5SP_{max}}{BW^2(1-\alpha)\left(1-\alpha+2\dfrac{\Delta a_{fic}}{W}\right)} \tag{3-4}$$

根据不同龄期混凝土试件实测的峰值荷载P_{max}确定σ_n，由试件尺寸，试件类型确定a_e值代入公式通过数据拟合可同时确定RAC的断裂韧度K_{IC}和拉伸强度f_t。

本书根据所提混凝土细观断裂模型，对不同龄期再生骨料混凝土和天然骨料混凝土断裂试验结果分析，验证所提模型合理性。

3.2.3　混凝土强韧参数的测定法

对不同龄期（3d、7d、28d、90d）的再生骨料混凝土（RAC）几何相似试件试验数据进行分析。对于试件高度不同的几何相似试件，考虑相对尺寸和早龄期影响，确定峰值荷载作用下虚拟裂缝扩展量Δa_{fic}。基于前面提出的混凝土细观断裂模型，通过线性拟合确定不同龄期RAC的断裂韧度K_{IC}和拉伸强度f_t如图3-14及表3-9所示。

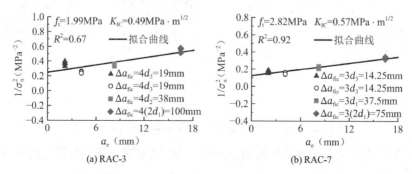

(a) RAC-3　　　　　　　　　　(b) RAC-7

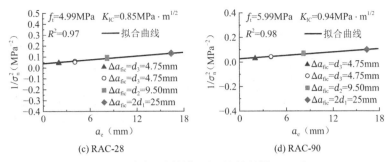

(c) RAC-28　　　　　　　　(d) RAC-90

图 3-14　确定不同龄期再生骨料混凝土K_{IC}和f_t

不同龄期 RAC 的 Δa_{fic} 确定的 K_{IC} 和 f_t　　　　　表 3-9

试件编号	W（mm）	d_i（mm）	$(W-a_0)/d_i$	Δa_{fic}（mm）	f_t（MPa）	K_{IC}（MPa·m$^{1/2}$）
RAC-3	38.1	$d_3 = 4.75$	6.42	19	1.99	0.49
	76.2	$d_3 = 4.75$	12.83	19		
	152.4	$d_2 = 9.5$	12.83	38		
	304.8	$2d_1 = 25$	9.75	100		
RAC-7	38.1	$d_3 = 4.75$	6.42	14.25	2.82	0.57
	76.2	$d_3 = 4.75$	12.83	14.25		
	152.4	$d_1 = 12.5$	9.75	37.5		
	304.8	$2d_1 = 25$	9.75	75		
RAC-28	38.1	$d_3 = 4.75$	6.42	4.75	4.99	0.85
	76.2	$d_3 = 4.75$	12.83	4.75		
	152.4	$d_2 = 9.5$	12.83	9.5		
	304.8	$2d_1 = 25$	9.75	25		
RAC-90	38.1	$d_3 = 4.75$	6.42	4.75	5.99	0.94
	76.2	$d_3 = 4.75$	12.83	4.75		
	152.4	$d_2 = 9.5$	12.83	9.5		
	304.8	$2d_1 = 25$	9.75	25		

　　由图 3-14 及表 3-9 可见,对不同龄期再生骨料混凝土,控制相对尺寸$(W-a_0)/d_i \approx 10$,确定不同龄期再生骨料混凝土的虚拟裂缝扩展量Δa_{fic},通过拟合得到K_{IC}、f_t的曲线相关系数R^2较大。确定的K_{IC}、f_t与表 3-8 中不同龄期再生骨料混凝土试验得到的拉伸强度f_{tp}和根据尺寸效应模型得到的$K_{IC,SEM}$相比,拟合确定的不同龄期f_t与试验值f_{tp}基本吻合,而确定的K_{IC}小于$K_{IC,SEM}$,这因为在尺寸效应模型中并未考虑虚拟裂缝扩展量的影响,造成$K_{IC,SEM}$值偏大。

　　为验证所提模型的合理性和适用性,分析另一组与再生骨料混凝土具有相同配合比的天然骨料混凝土（NAC）试验数据,根据所提模型,确定不同龄期天然骨料混凝土的拉伸强度f_t和断裂韧度K_{IC}如图 3-15 及表 3-10 所示。

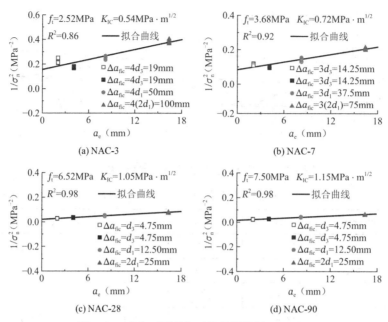

图 3-15　确定不同龄期天然骨料混凝土K_{IC}和f_t

不同龄期 NAC 的 Δa_{fic} 确定的 K_{IC} 和 f_t　　　　　　表 3-10

试件编号	W（mm）	d_i（mm）	$(W-a_0)/d_i$	Δa_{fic}（mm）	f_t（MPa）	K_{IC}（MPa·m$^{1/2}$）
NAC-3	38.1	$d_3 = 4.75$	6.42	19	2.52	0.54
	76.2	$d_3 = 4.75$	12.83	19		
	152.4	$d_1 = 12.5$	9.75	50		
	304.8	$2d_1 = 25$	9.75	100		
NAC-7	38.1	$d_3 = 4.75$	6.42	14.25	3.68	0.72
	76.2	$d_3 = 4.75$	12.83	14.25		
	152.4	$d_1 = 12.5$	9.75	37.5		
	304.8	$2d_1 = 25$	9.75	75		
NAC-28	38.1	$d_3 = 4.75$	6.42	4.75	6.52	1.05
	76.2	$d_3 = 4.75$	12.83	4.75		
	152.4	$d_1 = 12.5$	9.75	12.5		
	304.8	$2d_1 = 25$	9.75	25		
NAC-90	38.1	$d_3 = 4.75$	6.42	4.75	7.50	1.15
	76.2	$d_3 = 4.75$	12.83	4.75		
	152.4	$d_1 = 12.5$	9.75	12.5		
	304.8	$2d_1 = 25$	9.75	25		

图 3-15 及表 3-10 中，当相对尺寸$(W-a_0)/d_i \approx 10$，确定不同龄期天然骨料混凝土的虚拟裂缝扩展量Δa_{fic}。采用本书模型拟合确定K_{IC}、f_t的曲线相关系数R^2，拟合确定的不同

龄期 f_t 与试验值 f_{tp} 基本吻合，而确定的 K_{IC} 小于 $K_{IC,SEM}$。

综上所述，本书提出的考虑骨料颗粒影响的不同龄期混凝土的细观断裂模型，可以仅由实验室条件下有限尺寸试件的断裂试验得出，同时确定不同龄期再生骨料混凝土的断裂韧度和拉伸强度，如图 3-16 所示。克服了现行规范测试再生骨料混凝土强度与断裂参数需两套系统，且每套系统也不统一等技术局限。并且所提模型对于不同龄期的天然骨料混凝土也同样适用。

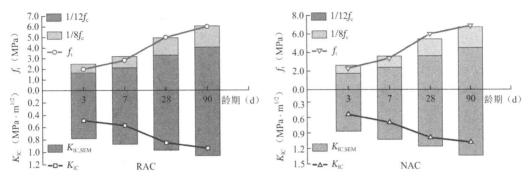

图 3-16　确定不同龄期的 RAC 和 NAC 的 f_t 和 K_{IC}

3.2.4　混凝土结构特性预测方法

1. 根据强韧参数预测

如图 3-17 所示，根据相对尺寸确定的虚拟裂缝扩展量 Δa_{fic}，统计分析确定的特征裂缝 $a_\infty^* = d_i$。根据直线斜率确定不同龄期再生骨料混凝土和天然骨料混凝土的 f_t、K_{IC}，根据第 2 章内容得出 σ 与 μ 并与前一节根据正态方法确定的 K_{IC}、f_t 比较，二者数值十分接近。随着龄期增加，试件峰值荷载波动越小，在 28d、90d 时所有数据都在 $\pm\sigma$ 的上下限范围内。

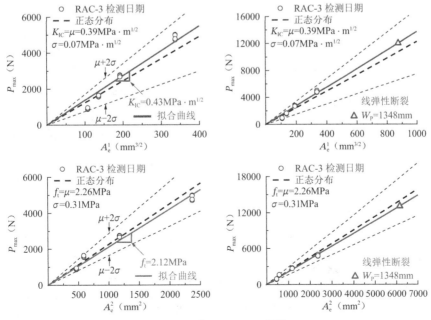

(a) RAC-3 的 P_{max}、K_{IC}、f_t 预测

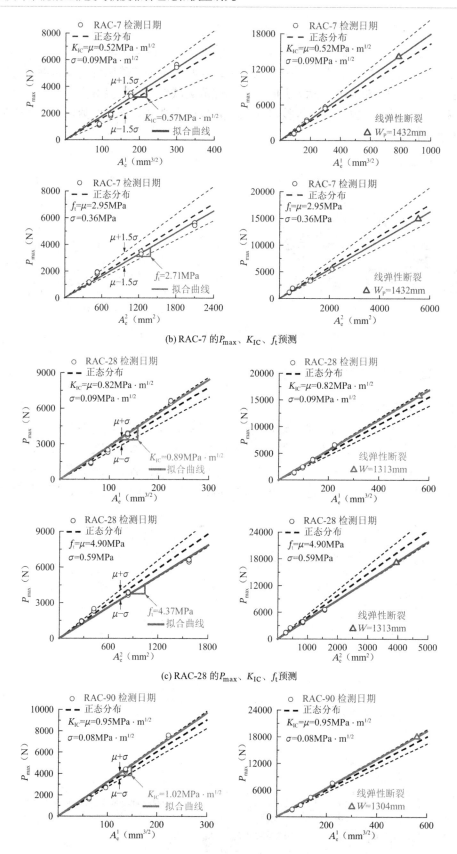

(b) RAC-7 的 P_{max}、K_{IC}、f_t 预测

(c) RAC-28 的 P_{max}、K_{IC}、f_t 预测

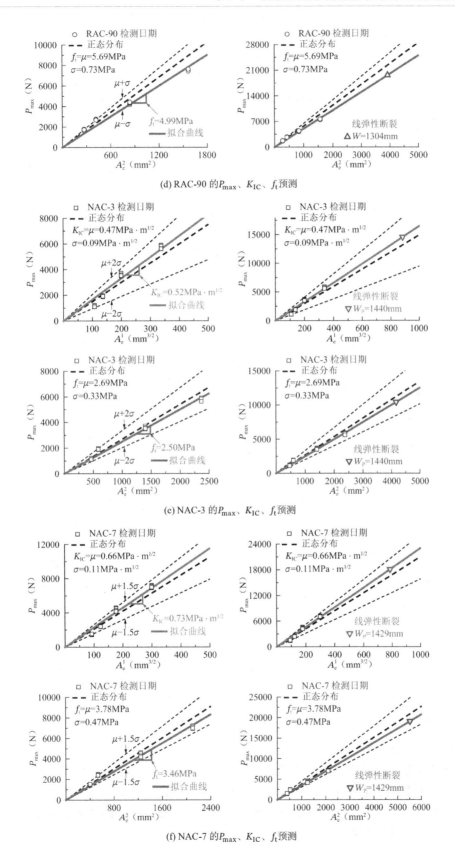

(d) RAC-90 的 P_{max}、K_{IC}、f_t 预测

(e) NAC-3 的 P_{max}、K_{IC}、f_t 预测

(f) NAC-7 的 P_{max}、K_{IC}、f_t 预测

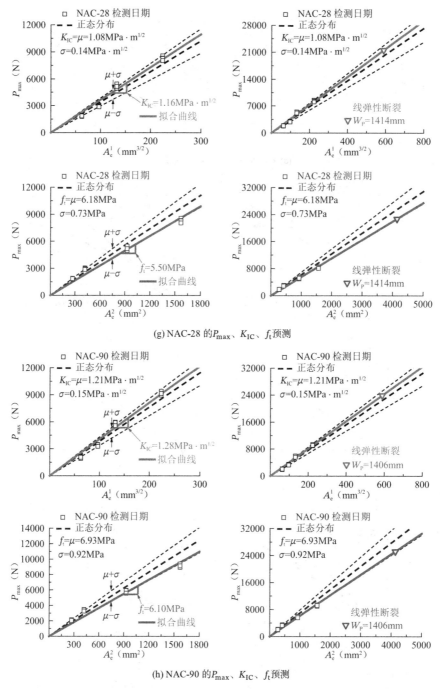

(g) NAC-28 的 P_{max}、K_{IC}、f_t 预测

(h) NAC-90 的 P_{max}、K_{IC}、f_t 预测

图 3-17　基于不同龄期几何相似试件对 RAC 和 NAC 的 P_{max}、K_{IC}、f_t 进行预测

2. 两点法预测断裂

由于公式是一个简单的线性公式，这条直线一定过原点，原则上只需要另外一个精确的数据点就可以画出这条直线，而这条直线的斜率就是我们需要确定的材料参数 f_t、K_{IC}。对 Chen 等[9]和 Pradhan 等[10]的 28d 龄期再生骨料混凝土和天然骨料混凝土的断裂试验分析如图 3-18 和表 3-11 所示。

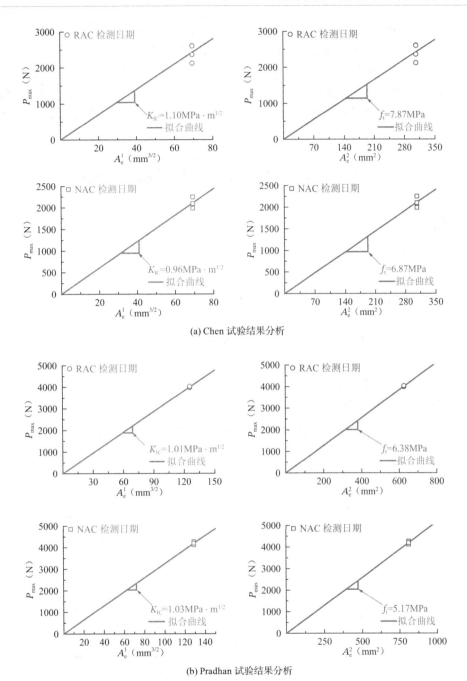

(a) Chen 试验结果分析

(b) Pradhan 试验结果分析

图 3-18　两点法确定 RAC 和 NAC 的 f_t、K_{IC}

两点法确定 RAC 和 NAC 的 f_t、K_{IC}　　　　　　　　　表 3-11

数据来源	试件	W（mm）	d_{max}（mm）	f_c（MPa）	f_{tp}（MPa）	$K_{IC,p}$（MPa·m$^{1/2}$）	f_t（MPa）	K_{IC}（MPa·m$^{1/2}$）
Chen 等	RAC	100	20	52.16	4.35～6.52	0.81	7.87	1.10
	NAC	100	20	48.60	4.05～6.08	0.70	6.87	0.96
Pradhan 等	RAC	75	20	42.82	3.57～5.35	1.21	6.38	1.01
	NAC	75	20	42.75	3.56～5.34	1.33	5.17	1.03

Chen 等和 Pradhan 等所用 RAC 和 NAC 的龄期 28d 的三点弯曲试件，试件信息和材料特性如表 3-11 所示。如图 3-18、表 3-11 所示，通过两点法确定的再生骨料混凝土和天然骨料混凝土的 K_{IC}、f_t，与书中确定的 $K_{IC,p}$、f_{tp} 较为接近。则利用两点法可以得到较为准确的 K_{IC} 和 f_t，并且两点法公式意义在于可以减少大量试验内容，仅需一个尺寸试件的断裂试验数据就可以确定出较为接近的材料的 f_t、K_{IC}，节省大量试验材料以及试验时间提高科研效率。

3.3　不同水灰比的混凝土强韧参数测定及结构特性研究

3.3.1　试验概况

对水灰比（W/C = 0.4、0.45、0.50、0.55、0.6、0.65、0.7）变化范围较大的 7 组混凝土断裂试验结果进行分析。混凝土均采用 II 型硅酸盐水泥，细骨料为细度模数 3.3 的磁铁矿砂，所用粗骨料为磁铁矿砾石，最大骨料粒径 19mm，相对密度 4.36。骨料均在饱和面干的条件下使用。

每组混凝土配合比对应两种试件形式，几何相似试件（G）和非几何相似试件（NG），共 168 个试件。试件宽度相同（B = 57mm），几何相似试件高度 W 分别为 57mm、114mm、228mm、456mm，跨高比 S/W = 2.5，非几何相似试件高度 W 统一为 142.5mm，$S/W \approx 9.9$。实测得到的各试件峰值荷载 P_{max} 见表 3-12 和表 3-13，混凝土其他信息详见文献[11]。

几何相似试件尺寸和峰值荷载　　　　　　　　表 3-12

编号	α	W（mm）	S（mm）	a_0（mm）	P_{max}（kN）
G0.4	0.3	57	142.5	17.1	3.31/3.37/3.47
		114	285	34.2	5.45/5.64/6.18
		228	570	68.4	8.01/9.25/8.33
		456	1140	136.8	16.01/14.09/13.49
G0.45	0.3	57	142.5	17.1	3.22/3.16/3.26
		114	285	34.2	5.24/5.46/5.48
		228	570	68.4	7.84/8.12/9.00
		456	1140	136.8	13.71/14.70/13.51
G0.5	0.3	57	142.5	17.1	3.22/3.16/3.26
		114	285	34.2	5.24/5.46/5.48
		228	570	68.4	7.84/8.12/9.00
		456	1140	136.8	13.71/14.70/13.51
G0.55	0.3	57	142.5	17.1	2.71/2.78/2.63
		114	285	34.2	3.72/3.94/4.02
		228	570	68.4	6.15/6.04/6.42
		456	1140	136.8	10.96/10.52/11.07

编号	α	W（mm）	S（mm）	a_0（mm）	P_{max}（kN）
G0.6	0.3	57	142.5	17.1	2.63/2.61/2.61
		114	285	34.2	3.72/3.94/4.02
		228	570	68.4	6.15/6.04/6.42
		456	1140	136.8	10.96/10.52/11.07
G0.65	0.3	57	142.5	17.1	2.32/2.48/2.51
		114	285	34.2	3.46/3.93/3.61
		228	570	68.4	5.43/5.78/6.00
		456	1140	136.8	9.82/10.55/10.02
G0.7	0.3	57	142.5	17.1	2.23/2.11/2.21
		114	285	34.2	3.63/3.35/4.02
		228	570	68.4	5.01/5.85/5.72
		456	1140	136.8	10.03/8.96/10.12

非几何相似试件尺寸和峰值荷载　　　　　　　表 3-13

编号	α	W（mm）	S（mm）	a_0（mm）	P_{max}（kN）
NG0.4	0.1	142.5	1410.75	14.25	2.31/2.35/2.33
	0.2			28.5	1.85/1.82/1.80
	0.4			57	1.10/1.12/1.15
	0.6			85.5	0.53/0.53/0.51
NG0.45	0.1	142.5	1410.75	14.25	2.24/2.17/2.19
	0.2			28.5	1.77/1.71/1.74
	0.4			57	1.10/1.05/1.09
	0.6			85.5	0.48/0.50/0.49
NG0.5	0.1	142.5	1410.75	14.25	2.11/2.18/2.06
	0.2			28.5	1.64/1.58/1.61
	0.4			57	1.00/1.05/1.02
	0.6			85.5	0.46/0.46/0.44
NG0.55	0.1	142.5	1410.75	14.25	1.86/1.89/1.91
	0.2			28.5	1.39/1.46/1.48
	0.4			57	0.92/0.87/0.89
	0.6			85.5	0.39/0.41/0.43
NG0.6	0.1	142.5	1410.75	14.25	1.81/1.87/1.74
	0.2			28.5	1.37/1.32/1.36
	0.4			57	0.81/0.84/0.84
	0.6			85.5	0.40/0.38/0.84

编号	α	W（mm）	S（mm）	a_0（mm）	P_{max}（kN）
NG0.65	0.1	142.5	1410.75	14.25	1.66/1.71/1.71
	0.2			28.5	1.25/1.27/1.21
	0.4			57	0.76/0.81/0.79
	0.6			85.5	0.37/0.33/0.36
NG0.7	0.1	142.5	1410.75	14.25	1.65/1.63/1.54
	0.2			28.5	1.16/1.20/1.16
	0.4			57	0.77/0.78/0.73
	0.6			85.5	0.33/0.33/0.32

根据离散颗粒断裂模型，考虑常用混凝土试验筛孔，实际粗骨料粒径分布，骨料颗粒代表值d_i可取$d_{max}=19mm$，$d_{av1}=12.5mm$，$d_{av2}=9.5mm$，$d_{min}=4.75mm$。对于不同水灰比的混凝土，根据 BS EN 12390[1]用 100mm×100mm×100mm 的立方体试件测得抗压强度f_c，根据 ASTM C469[2]和 ASTM C496[3]实测直径 100mm，高度 300mm 的圆柱体试件测得劈裂抗拉强度f_{ts}，通过尺寸效应模型（SEM）计算获得的断裂韧度$K_{IC,SEM}$如图 3-19 所示。

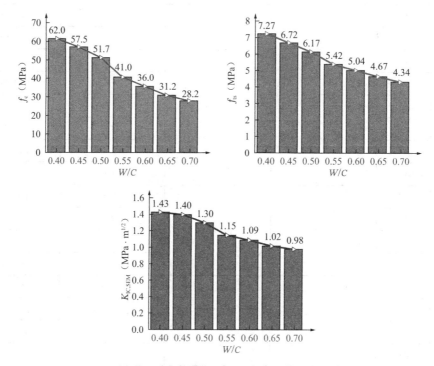

图 3-19　不同水灰比的混凝土材料特性[8]

3.3.2　不同水灰比的混凝土虚拟裂缝扩展量计算方法

实验室下三点弯曲试件的断裂加载过程中，初始裂缝尖端a_0会出现不规则，间断性的裂缝扩展区，试件加载达到峰值荷载P_{max}后这些裂纹将会出现一条宏观裂缝，随后试件发生断裂。近期研究结果[5-7]中将这些裂缝扩展量设为虚拟裂缝扩展量Δa_{fic}。如图 3-20 所示，实验室条件下混凝土非均质性明显，即使同一组试件在细观层面上受试件边界，骨料尺寸等因素相互影响，造成在断裂过程中表现出不同的结构特性，所以对于细观层面的虚拟裂缝扩展量Δa_{fic}的确定也应该有不同的规律。

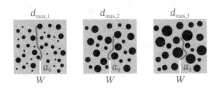

图 3-20　试件尺寸、裂缝长度、骨料颗粒的相互影响

混凝土宏观裂缝的产生实际是细观层面骨料的破坏，断裂要克服骨料之间的粘结力，破坏骨料之间的桥接作用，基于边界效应断裂模型，前后边界对裂缝扩展的影响，以及裂缝扩展围绕骨料进行（绕骨料或穿越骨料），通过对大量试验数据统计，提出相对尺寸$(W-a_0)/d_i$的概念，$(W-a_0)$为试件的韧带高度，d_i是混凝土中的粗骨料代表值。定量确定峰值荷载P_{max}作用下虚拟裂缝扩展量Δa_{fic}的简化计算方法，即相对尺寸$(W-a_0)/d_i \approx 10$上下时：

$$\Delta a_{fic} = d_i \qquad\qquad (3-5)$$

d_i在破坏过程中起控制作用的粗骨料尺寸，基于实际混凝土的粗骨料级配，筛分曲线，试验筛孔等，d_i可取d_{max}、d_{av1}、d_{av2}、d_{min}，d_{max}混凝土最大骨料粒径，d_{min}最小骨料粒径，d_{av1}和d_{av2}可取最大与最小骨料之间的平均粒径如图 3-21 所示。

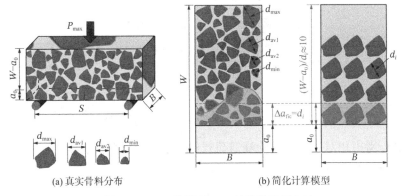

(a) 真实骨料分布　　　　　　　(b) 简化计算模型

图 3-21　P_{max}作用下Δa_{fic}的简化计算方法

图 3-21 描述了有限尺寸混凝土试件裂缝跨越骨料扩展的物理机理，图 3-21（a）为真实混凝土试件骨料分布，图 3-21（b）为方便分析简化的骨料均匀分布形式。在裂缝扩展时，受边界影响以及受拉区、受压区长度影响，P_{max}作用时Δa_{fic}扩展受限，当相对尺寸$(W-a_0)/d_i \approx 10$ 时，Δa_{fic}仅可扩展一个骨料颗粒d_i如图 3-21（b）所示。

对于试件高度W变化的几何相似试件和裂缝长度a_0变化的非几何相似试件，根据所提方法，两者的相对尺寸是变化的，所以几何相似试件和非几何相似试件虚拟裂缝扩展量Δa_{fic}也是变化的。

如图 3-22 所示，峰值荷载$P_{\max}$的作用下，当试件尺寸W变化，若$(W_1 - a_0)/d_{\max} \approx 10$时，$\Delta a_{\mathrm{fic}} = d_{\max}$这与课题组之前研究结果保持一致[5-7]，但当尺寸W减小时，可能$(W_2 - a_0)/d_{\max} \approx 10$不满足，这时$\Delta a_{\mathrm{fic}} \neq d_{\max}$则考虑次级骨料的控制作用，当$(W_2 - a_0)/d_{\mathrm{av}} \approx 10$时，则$\Delta a_{\mathrm{fic}} = d_{\mathrm{av}}$，依次排列对于最小尺寸$W_3$，若$(W_3 - a_0)/d_{\min} \approx 10$满足，则$\Delta a_{\mathrm{fic}} = d_{\min}$。而相同尺寸$W$，若相对尺寸$(W - a_0)/d_{\max} \approx 10$时，这时的$\Delta a_{\mathrm{fic}} = d_{\max}$，若$(W - a_0)/d_{\max} \approx 10$条件不满足，则考虑次级骨料，当$(W - a_0)/d_{\mathrm{av}} \approx 10$时，则$\Delta a_{\mathrm{fic}} = d_{\mathrm{av}}$，若$(W - a_0)/d_{\mathrm{av}} \approx 10$不满足时，则裂缝扩展进一步受限制，则考虑最小骨料粒径$d_{\min}$等。若$(W - a_0)/d_{\max}$的值远大于 10 时，若$(W - a_0)/nd_{\max} \approx 10$时，则$\Delta a_{\mathrm{fic}}$可扩展$nd_{\max}$，$n$为正整数。

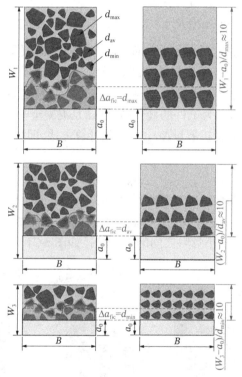

图 3-22 考虑相对尺寸的虚拟裂缝扩展量

基于 BEM，考虑相对尺寸影响的峰值荷载作用下虚拟裂缝扩展量的三点弯曲试件名义应力σ_{n}分布如图 3-23 所示。

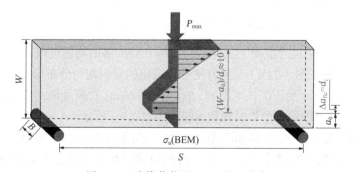

图 3-23 峰值荷载下 BEM 的σ_{n}分布

由图 3-23 建立峰值荷载 P_{max} 下的名义应力 σ_n 公式：

$$\sigma_n(P_{max}, \Delta a_{fic}) = \frac{1.5SP_{max}}{BW^2(1-\alpha)\left(1-\alpha+2\dfrac{\Delta a_{fic}}{W}\right)} \tag{3-6}$$

对几何相似和非几何相似混凝土试件的试验数据统计分析，验证所提断裂模型的适用性和可行性。

3.3.3 混凝土强韧参数的测定方法

1. 水灰比 $W/C = 0.4$，$f_c = 60.2$MPa

基于本书所提模型与方法，分析水灰比 $W/C = 0.4$，$f_c = 60.2$MPa 的混凝土几何相似和非几何相似试件。根据不同虚拟裂缝扩展量的取值方法同时确定该混凝土断裂韧度 K_{IC} 和拉伸强度 f_t。图 3-24 和表 3-14 展示了不考虑虚拟裂缝扩展量，虚拟裂缝扩展量统一取值和基于本书所提方法根据相对尺寸对虚拟裂缝扩展量个性化取值这三种情况下，单独分析几何相似试件，分析非几何相似试件，虚拟裂缝扩展量个性化取值的情况可以得到较为理想的拟合效果，并且相关系数 R^2 最大，同时将分析得到几何相似和非几何相似试件整体的相同的结果。

由图 3-24 和表 3-14 可见，对虚拟裂缝扩展量 Δa_{fic} 统一取单个骨料大小时（$\Delta a_{fic} = d_{max}$、d_{av1}、d_{av2}、d_{min}）可以明显看出几何相似和非几何相似试验数据的拟合曲线相关系数 R^2 相对较小，当 $\Delta a_{fic} = d_{max}$ 时几何相似试件拟合确定的相关系数 $R^2 = 0.32$，当 $\Delta a_{fic} = d_{av1}$、d_{av2}、d_{min} 时非几何相似试件得到的相关系数 $R^2 = 0.002$ 或者无法得到拟合结果。基于离散颗粒断裂模型，考虑相对尺寸影响，对不同尺寸试件的 Δa_{fic} 个性化取值，对应 $(W-a_0)/d_i \approx 10$ 时 $\Delta a_{fic} = d_i$，几何相似试件通过虚拟裂缝扩展量个性化取值，拟合相关系数 R^2 达到最大值（$R^2 = 0.92$），同样非几何相似试件的 R^2 也达到最大值（$R^2 = 0.95$）。

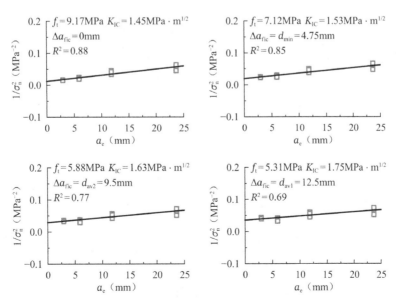

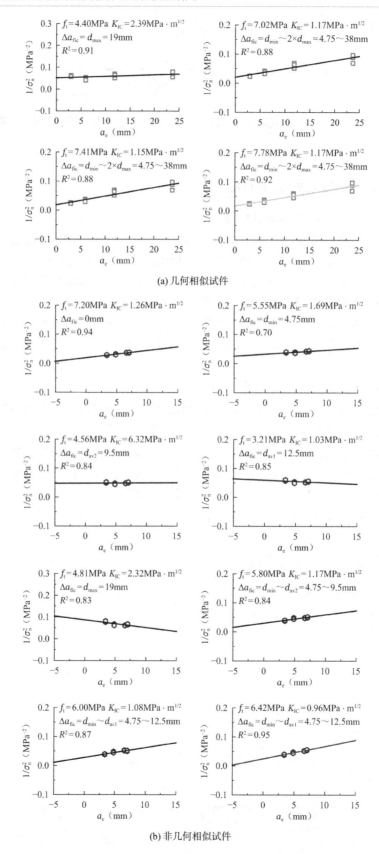

(a) 几何相似试件

(b) 非几何相似试件

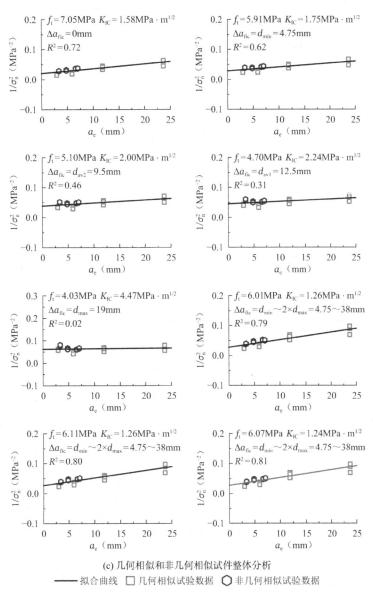

(c) 几何相似和非几何相似试件整体分析

——— 拟合曲线　□ 几何相似试验数据　○ 非几何相似试验数据

图 3-24　$W/C = 0.4$ 时不同 Δa_{fic} 确定 K_{IC}、f_{t}

$W/C = 0.4$ 时不同 Δa_{fic} 的 R^2 变化　　　　　表 3-14

类型	W（mm）	$\Delta a_{\mathrm{fic}} = d_i$（mm）	$(W - a_0)/d_i$	R^2	W（mm）	$\Delta a_{\mathrm{fic}} = d_i$（mm）	$(W - a_0)/d_i$	R^2
几何相似试件	57	0	—	0.88	57	19	2.1	0.91
	114				114		4.2	
	228				228		8.4	
	456				456		16.8	
	57	4.75	8.4	0.85	57	4.75	8.4	0.88
	114		16.8		114	12.5	6.38	
	228		33.6		228	19	8.4	
	456		67.2		456	38	8.4	

续表

类型	W (mm)	$\Delta a_{\text{fic}} = d_i$ (mm)	$(W-a_0)/d_i$	R^2	W (mm)	$\Delta a_{\text{fic}} = d_i$ (mm)	$(W-a_0)/d_i$	R^2
几何相似试件	57		4.2		57	4.75	8.4	
	114	9.5	8.4	0.77	114	9.5	8.4	0.88
	228		16.8		228	19	8.4	
	456		33.6		456	38	8.4	
	57		3.19		57	4.75	8.4	
	114	12.5	6.38	0.69	114	9.5	8.4	0.92
	228		12.77		228	12.5	12.77	
	456		25.54		456	38	8.4	
非几何相似试件	142.5 ($\alpha=0.1$)				142.5 ($\alpha=0.1$)		6.75	
	142.5 ($\alpha=0.2$)	0	—	0.94	142.5 ($\alpha=0.2$)	19	6	0.83
	142.5 ($\alpha=0.4$)				142.5 ($\alpha=0.4$)		4.5	
	142.5 ($\alpha=0.6$)				142.5 ($\alpha=0.6$)		3	
	142.5 ($\alpha=0.1$)		27		142.5 ($\alpha=0.1$)	9.5	13.5	
	142.5 ($\alpha=0.2$)	4.75	24	0.70	142.5 ($\alpha=0.2$)	9.5	12	0.84
	142.5 ($\alpha=0.4$)		18		142.5 ($\alpha=0.4$)	9.5	9	
	142.5 ($\alpha=0.6$)		12		142.5 ($\alpha=0.6$)	4.75	12	
	142.5 ($\alpha=0.1$)		13.5		142.5 ($\alpha=0.1$)	12.5	10.26	
	142.5 ($\alpha=0.2$)	9.5	12	0.84	142.5 ($\alpha=0.2$)	9.5	12	0.87
	142.5 ($\alpha=0.4$)		9		142.5 ($\alpha=0.4$)	9.5	9	
	142.5 ($\alpha=0.6$)		6		142.5 ($\alpha=0.6$)	4.75	12	
	142.5 ($\alpha=0.1$)		10.26		142.5 ($\alpha=0.1$)	12.5	10.26	
	142.5 ($\alpha=0.2$)	12.5	9.12	0.85	142.5 ($\alpha=0.2$)	12.5	9.12	0.95
	142.5 ($\alpha=0.4$)		6.84		142.5 ($\alpha=0.4$)	9.5	9	
	142.5 ($\alpha=0.6$)		4.56		142.5 ($\alpha=0.6$)	4.75	12	
几何相似试件和非几何相似试件整体分析	57				57		2.1	
	114				114		4.2	
	228				228		8.4	
	456	0	—	0.72	456		16.8	0.02
	142.5 ($\alpha=0.1$)				142.5 ($\alpha=0.1$)	19	6.75	
	142.5 ($\alpha=0.2$)				142.5 ($\alpha=0.2$)		6	
	142.5 ($\alpha=0.4$)				142.5 ($\alpha=0.4$)		4.5	
	142.5 ($\alpha=0.6$)				142.5 ($\alpha=0.6$)		3	

续表

类型	W（mm）	$\Delta a_{\mathrm{fic}}=d_i$（mm）	$(W-a_0)/d_i$	R^2	W（mm）	$\Delta a_{\mathrm{fic}}=d_i$（mm）	$(W-a_0)/d_i$	R^2
几何相似试件和非几何相似试件整体分析	57	4.75	8.4	0.62	57	4.75	8.4	0.79
	114		16.8		114	9.5	8.4	
	228		33.6		228	19	8.4	
	456		67.2		456	38	8.4	
	142.5（$\alpha=0.1$）		27		142.5（$\alpha=0.1$）	12.5	10.26	
	142.5（$\alpha=0.2$）		24		142.5（$\alpha=0.2$）	9.5	12	
	142.5（$\alpha=0.4$）		18		142.5（$\alpha=0.4$）	9.5	9	
	142.5（$\alpha=0.6$）		12		142.5（$\alpha=0.6$）	4.75	12	
	57	9.5	4.2	0.64	57	4.75	8.4	0.80
	114		8.4		114	9.5	8.4	
	228		16.8		228	12.5	12.77	
	456		33.6		456	38	8.4	
	142.5（$\alpha=0.1$）		13.5		142.5（$\alpha=0.1$）	9.5	13.5	
	142.5（$\alpha=0.2$）		12		142.5（$\alpha=0.2$）	9.5	12	
	142.5（$\alpha=0.4$）		9		142.5（$\alpha=0.4$）	9.5	9	
	142.5（$\alpha=0.6$）		6		142.5（$\alpha=0.6$）	4.75	12	
	57	12.5	3.19	0.31	57	4.75	8.4	0.81
	114		6.38		114	9.5	8.4	
	228		12.77		228	19	8.4	
	456		25.54		456	38	8.4	
	142.5（$\alpha=0.1$）		10.26		142.5（$\alpha=0.1$）	9.5	13.5	
	142.5（$\alpha=0.2$）		9.12		142.5（$\alpha=0.2$）	9.5	12	
	142.5（$\alpha=0.4$）		6.84		142.5（$\alpha=0.4$）	9.5	9	
	142.5（$\alpha=0.6$）		4.56		142.5（$\alpha=0.6$）	4.75	12	

　　根据式(3-6)同时确定混凝土断裂韧度 K_{IC} 和拉伸强度 f_{t}。$\Delta a_{\mathrm{fic}}=0$ 时即忽略峰值荷载时的虚拟裂缝扩展量，造成确定的 f_{t} 偏大。几何相似试件 Δa_{fic} 个性化取值情况确定的 $K_{\mathrm{IC}}=1.15\sim1.17\mathrm{MPa}\cdot\mathrm{m}^{1/2}$，略小于 SEM 确定值 $K_{\mathrm{IC,SEM}}=1.43\mathrm{MPa}\cdot\mathrm{m}^{1/2}$，这是因为尺寸效应模型（SEM）在计算断裂韧度时没有考虑 Δa_{fic} 对断裂的影响，造成确定的 $K_{\mathrm{IC,SEM}}$ 值偏大。确定的 $f_{\mathrm{t}}=7.02\sim7.78\mathrm{MPa}$，与圆柱体试验值 $f_{\mathrm{ts}}=7.27\mathrm{MPa}$ 基本吻合。对于非几何相似试件，Δa_{fic} 个性化取值情况确定的 $K_{\mathrm{IC}}=0.96\sim1.17\mathrm{MPa}\cdot\mathrm{m}^{1/2}$，小于 SEM 确定值 $K_{\mathrm{IC,SEM}}=1.43\mathrm{MPa}\cdot\mathrm{m}^{1/2}$（未考虑 Δa_{fic}），确定的 $f_{\mathrm{t}}=5.80\sim6.42\mathrm{MPa}$，略小于试验值 f_{ts}（一般情况下 f_{ts} 大于 f_{t}）。将几何与非几何相似试验数据整体分析，确定的 $K_{\mathrm{IC}}=1.24\sim1.26\mathrm{MPa}\cdot\mathrm{m}^{1/2}$，$f_{\mathrm{t}}=6.01\sim6.11\mathrm{MPa}$，与单独分析几何相似试件和非几何相似试件确定的混凝土材料参数基本一致。

2. 水灰比$W/C = 0.45$，$f_c = 57.5$MPa

基于本书所提模型与方法，以水灰比$W/C = 0.45$，$f_c = 57.5$MPa 混凝土几何相似与非几何相似试件为对象分析，在不同情况下确定的该混凝土断裂韧度K_{IC}和f_t如图 3-17 所示。

由图 3-25 可以看出$\Delta a_{fic} = 0$时几何相似试件和非几何相似试件拟合确定的f_t偏大，Δa_{fic}统一取值的拟合效果较差甚至无法得到确定的结果。基于相对尺寸影响对几何相似和非几何相似混凝土试件Δa_{fic}个性化取值，拟合确定的相关系数R^2可以达到最大。$W/C = 0.45$的几何相似试验数据拟合确定的混凝土$K_{IC} = 1.14 \sim 2.58$MPa $\cdot$ m$^{1/2}$，$f_t = 4.16 \sim 8.57$MPa，非几何相似试验数据拟合确定的混凝土$K_{IC} = 0.93 \sim 2.16$MPa $\cdot$ m$^{1/2}$，$f_t = 4.52 \sim 6.73$MPa，与 SEM 计算得到的$K_{IC,SEM} = 1.40$MPa $\cdot$ m$^{1/2}$ 和试验值$f_{ts} = 6.72$MPa 十分接近（$K_{IC,SEM}$、f_{ts}一般都偏大）。将$W/C = 0.45$的几何相似试件和非几何相似试件整体分析，确定的K_{IC}、f_t，同样在相对尺寸$(W - a_0)/d_i \approx 10$ 左右，R^2达到最大值，与单独分析几何相似和非几何相似试件确定的材料参数基本一致。

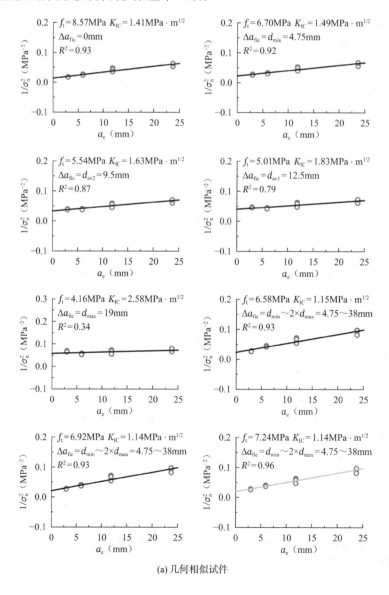

(a) 几何相似试件

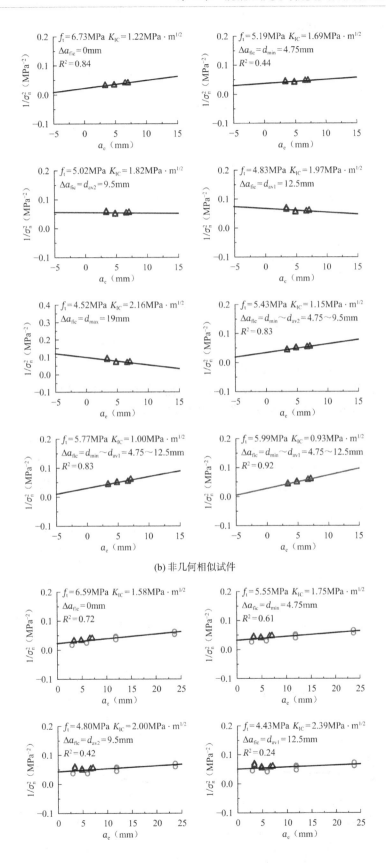

(b) 非几何相似试件

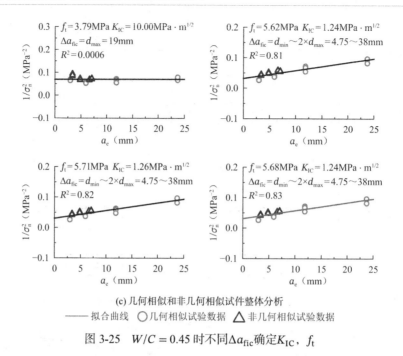

(c) 几何相似和非几何相似试件整体分析

—— 拟合曲线　○ 几何相似试验数据　△ 非几何相似试验数据

图 3-25　$W/C = 0.45$ 时不同 Δa_{fic} 确定 K_{IC}，f_{t}

3. 水灰比 $W/C = 0.5$，$f_{\text{c}} = 51.7\text{MPa}$

以水灰比 $W/C = 0.5$，$f_{\text{c}} = 51.7\text{MPa}$ 的混凝土几何相似和非几何相似试件为对象分析，在不同情况下确定的该混凝土断裂韧度 K_{IC} 和 f_{t} 如图 3-26 所示。

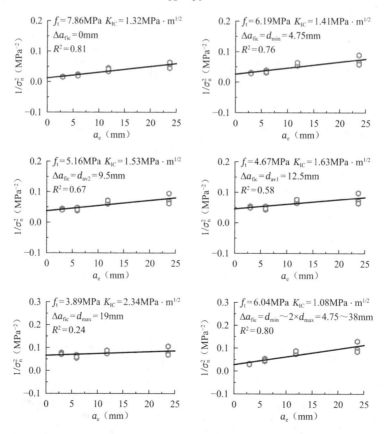

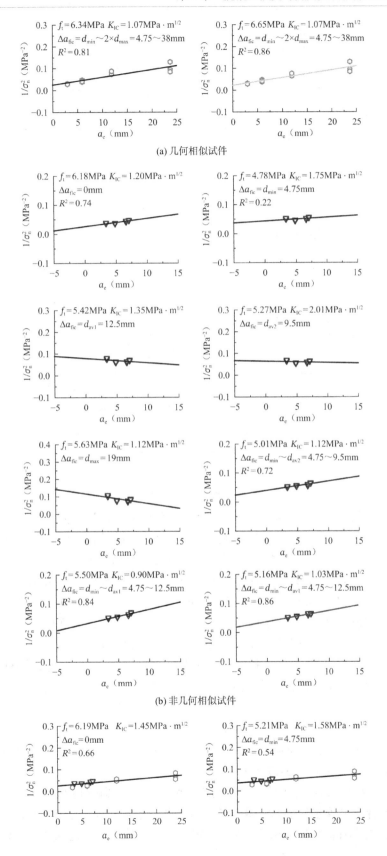

(a) 几何相似试件

(b) 非几何相似试件

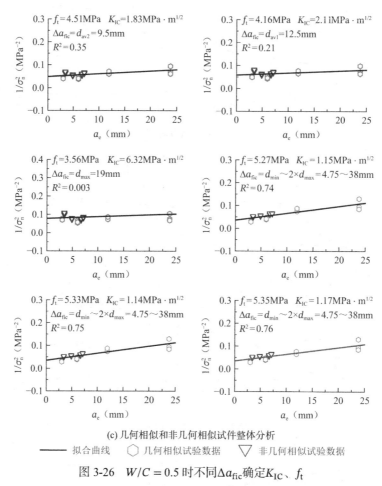

(c) 几何相似和非几何相似试件整体分析

—— 拟合曲线 ⬡ 几何相似试验数据 ▽ 非几何相似试验数据

图 3-26 $W/C = 0.5$ 时不同Δa_{fic}确定K_{IC}、f_t

由图 3-26 可以看出与前面不同水灰比混凝土试件分析结果相同，$\Delta a_{fic} = 0$ 时几何相似试件和非几何相似试件拟合确定的f_t偏大，Δa_{fic}统一取值的拟合效果较差甚至无法得到确定的结果。考虑相对尺寸影响对几何相似和非几何相似混凝土试件Δa_{fic}个性化取值，拟合确定的相关系数R^2可以达到最大。$W/C = 0.5$ 的几何相似试验数据拟合确定的混凝土$K_{IC} = 1.07 \sim 2.34 \mathrm{MPa} \cdot \mathrm{m}^{1/2}$，$f_t = 3.89 \sim 7.86 \mathrm{MPa}$，非几何相似试验数据拟合确定的混凝土$K_{IC} = 0.90 \sim 2.01 \mathrm{MPa} \cdot \mathrm{m}^{1/2}$，$f_t = 4.78 \sim 6.18 \mathrm{MPa}$，与 SEM 计算得到的$K_{IC,SEM} = 1.30$ $\mathrm{MPa} \cdot \mathrm{m}^{1/2}$和试验值$f_{ts} = 6.17 \mathrm{MPa}$接近，误差在可以接受的范围内。将$W/C = 0.5$ 的几何相似试件和非几何相似试件整体分析，确定的K_{IC}、f_t，基于本书模型，同样在相对尺寸$(W - a_0)/d_i \approx 10$ 左右，R^2达到最大值与单独分析几何相似和非几何相似试件确定的材料参数基本一致。

4. 水灰比$W/C = 0.55$，$f_c = 41.0 \mathrm{MPa}$

水灰比$W/C = 0.55$，$f_c = 41.0 \mathrm{MPa}$ 的混凝土试件为对象分析，在不同情况下确定的该混凝土断裂韧度K_{IC}和f_t如图 3-27 所示。

如图 3-27 所示，$\Delta a_{fic} = 0$ 时几何相似试件和非几何相似试件拟合确定的f_t偏大，Δa_{fic}统一取值的拟合效果较差甚至无法得到确定的结果。考虑相对尺寸影响对几何相似和非几何相似混凝土试件Δa_{fic}个性化取值，拟合确定的相关系数R^2可以达到最大。$W/C = 0.55$ 的几何相似试验数据拟合确定的混凝土 $K_{IC} = 0.94 \sim 2.11 \text{MPa} \cdot \text{m}^{1/2}$，$f_t = 3.39 \sim 6.88 \text{MPa}$，非几何相似试验数据拟合确定的混凝土 $K_{IC} = 0.82 \sim 1.92 \text{MPa} \cdot \text{m}^{1/2}$，$f_t = 4.22 \sim 5.42 \text{MPa}$，与 SEM 计算得到的 $K_{IC,SEM} = 1.15 \text{MPa} \cdot \text{m}^{1/2}$ 和试验值 $f_{ts} = 5.42 \text{MPa}$ 基本吻合，误差在可以接受的范围内。将 $W/C = 0.55$ 的几何相似试件和非几何相似试件整体分析，确定的 K_{IC}、f_t，基于本书模型，同样在相对尺寸 $(W - a_0)/d_i \approx 10$ 左右，R^2 达到最大值，与单独分析几何相似和非几何相似试件确定的材料参数基本一致。

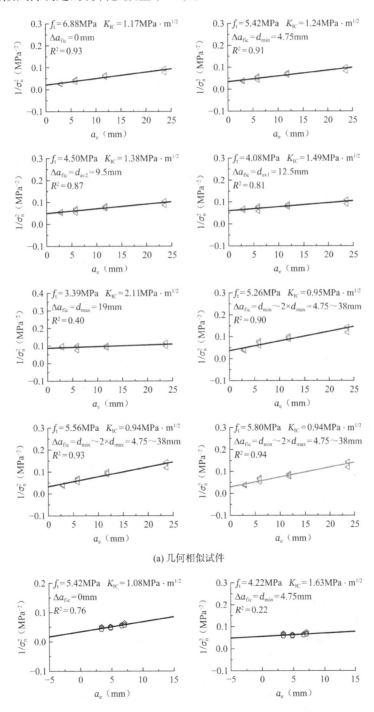

(a) 几何相似试件

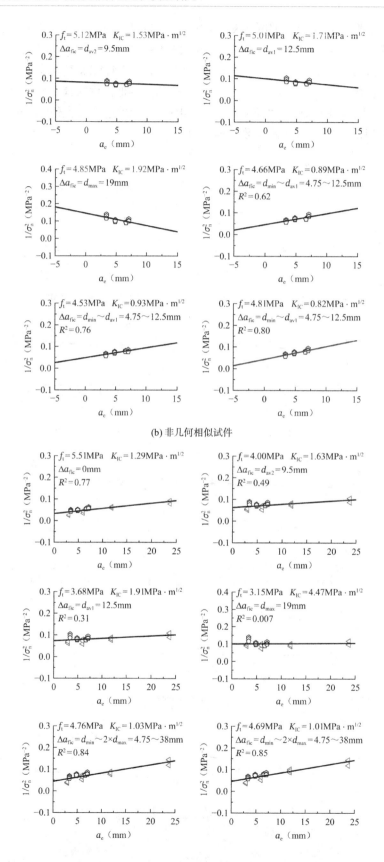

(b) 非几何相似试件

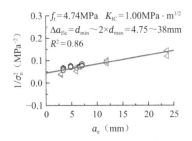

(c) 几何相似和非几何相似试件整体分析

—— 拟合曲线　◁ 几何相似试验数据　⬠ 非几何相似试验数据

图 3-27　$W/C = 0.55$ 时不同 Δa_{fic} 确定 K_{IC}、f_t

5. 水灰比 $W/C = 0.65$，$f_c = 31.2MPa$

以水灰比 $W/C = 0.65$，$f_c = 31.2MPa$ 的混凝土试件为对象分析，在不同情况下确定的该混凝土断裂韧度 K_{IC} 和 f_t 如图 3-28 所示。

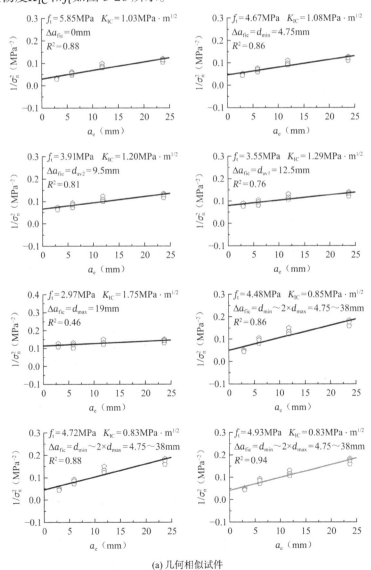

(a) 几何相似试件

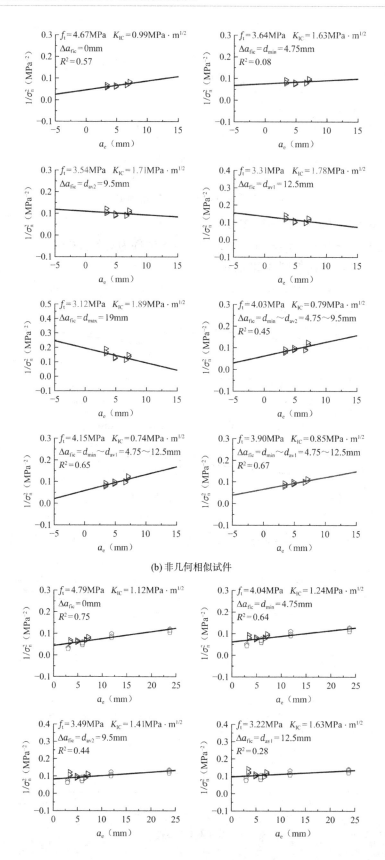

(b) 非几何相似试件

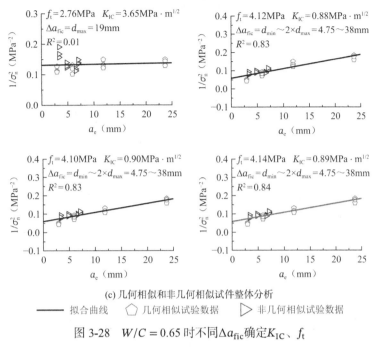

(c) 几何相似和非几何相似试件整体分析

——— 拟合曲线　　⬠ 几何相似试验数据　　▷ 非几何相似试验数据

图 3-28　$W/C = 0.65$ 时不同 Δa_{fic} 确定 K_{IC}、f_{t}

图 3-28 与前面混凝土规律相同，$\Delta a_{\text{fic}} = 0$ 时几何相似试件和非几何相似试件拟合确定的 f_{t} 偏大，Δa_{fic} 统一取值的拟合效果较差甚至无法得到确定的结果。考虑相对尺寸影响对几何相似和非几何相似混凝土试件 Δa_{fic} 个性化取值，拟合确定的相关系数 R^2 可以达到最大。$W/C = 0.65$ 的几何相似试验数据拟合确定的混凝土 $K_{\text{IC}} = 0.83 \sim 1.75\text{MPa} \cdot \text{m}^{1/2}$，$f_{\text{t}} = 2.97 \sim 5.85\text{MPa} \cdot \text{m}^{1/2}$，非几何相似试验数据拟合确定的混凝土 $K_{\text{IC}} = 0.74 \sim 1.89\text{MPa} \cdot \text{m}^{1/2}$，$f_{\text{t}} = 3.12 \sim 4.67\text{MPa}$，与 SEM 计算得到的 $K_{\text{IC,SEM}} = 1.02\text{MPa} \cdot \text{m}^{1/2}$ 和试验值 $f_{\text{ts}} = 4.67\text{MPa}$ 基本一致。将 $W/C = 0.65$ 的几何相似试件和非几何相似试件整体分析，确定的 K_{IC}、f_{t}，基于本书模型，同样在相对尺寸 $(W - a_0)/d_i \approx 10$，R^2 达到最大值，与单独分析几何相似和非几何相似试件确定的材料参数基本一致。

6. 水灰比 $W/C = 0.7$，$f_{\text{c}} = 28.2\text{MPa}$

以水灰比 $W/C = 0.7$，$f_{\text{c}} = 28.2\text{MPa}$ 的混凝土试件为对象分析，在不同情况下确定该混凝土断裂韧度 K_{IC} 和 f_{t} 如图 3-29 所示。

如图 3-29 所示 $W/C = 0.7$ 的混凝土试件，$\Delta a_{\text{fic}} = 0$ 时几何相似试件和非几何相似试件拟合确定的 f_{t} 偏大，Δa_{fic} 统一取值的拟合效果较差甚至无法得到确定的结果。考虑相对尺寸影响对几何相似和非几何相似混凝土试件 Δa_{fic} 个性化取值，拟合确定的相关系数 R^2 可以达到最大。$W/C = 0.7$ 的几何相似试验数据拟合确定的混凝土 $K_{\text{IC}} = 0.80 \sim 1.91\text{MPa} \cdot \text{m}^{1/2}$，$f_{\text{t}} = 4.29 \sim 5.56\text{MPa}$，非几何相似试验数据拟合确定的混凝土 $K_{\text{IC}} = 0.72 \sim 2.13\text{MPa} \cdot \text{m}^{1/2}$，$f_{\text{t}} = 2.85 \sim 4.34\text{MPa}$，与 SEM 计算得到的 $K_{\text{IC,SEM}} = 0.98\text{MPa} \cdot \text{m}^{1/2}$ 和试验值 $f_{\text{ts}} = 4.34\text{MPa}$ 基本一致。将 $W/C = 0.7$ 的几何相似试件和非几何相似试件整体分析，确定的 K_{IC}、f_{t}，基于本书模型，同样在相对尺寸 $(W - a_0)/d_i \approx 10$ 左右，R^2 达到最大值，并且与单独分析几何相似和非几何相似试件确定的材料参数基本一致。

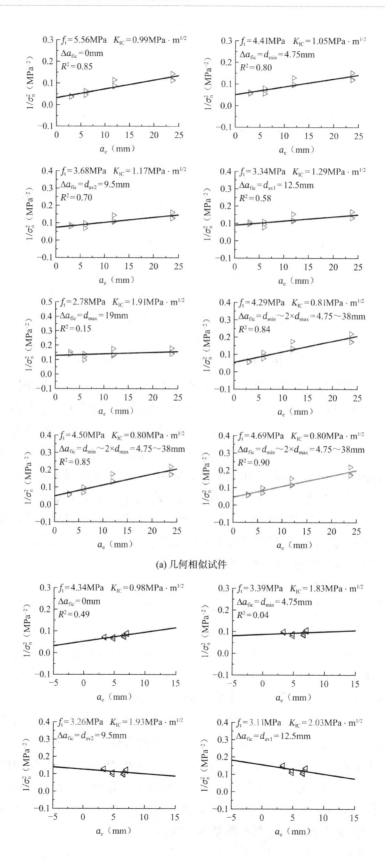

(a) 几何相似试件

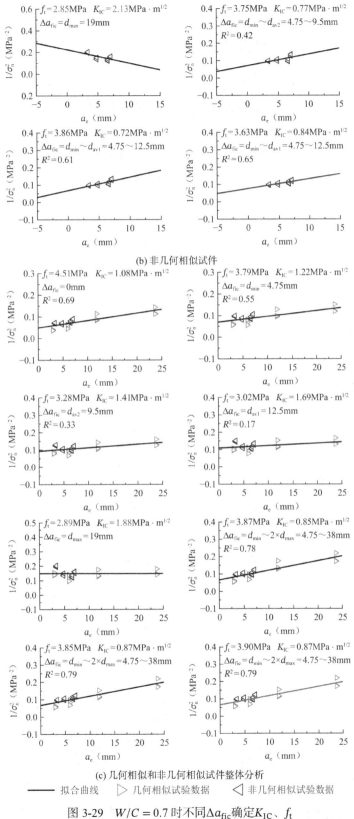

(b) 非几何相似试件

(c) 几何相似和非几何相似试件整体分析

——— 拟合曲线　　▷ 几何相似试验数据　　◁ 非几何相似试验数据

图 3-29　$W/C = 0.7$ 时不同 Δa_{fic} 确定 K_{IC}、f_{t}

3.3.4　混凝土结构特性的预测方法

对于不同水灰比的混凝土试件（S1、S2、S3、S4、S5、S6、S7、S8、BS6、BS4 和 BS3），基于正态分布方法构建的三条预测曲线分别为平均值μ（实线）、上限和下限（虚线，具有95%可靠性），如图 3-30 所示。

图 3-30 结果表明，具有 95%可靠性的上下曲线以覆盖第 II 系列混凝土试件的所有试验数据。混凝土试验数据的离散性可以用上限和下限来描述。

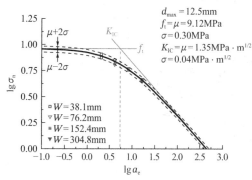

(a) S1 试件 $f_t = 9.12\text{MPa}$　$K_{IC} = 1.35\text{MPa} \cdot \text{m}^{1/2}$
构建的断裂破坏曲线

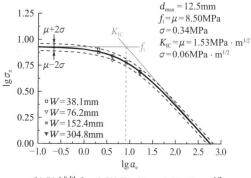

(b) S1 试件 $f_t = 8.50\text{MPa}$　$K_{IC} = 1.53\text{MPa} \cdot \text{m}^{1/2}$
构建的断裂破坏曲线

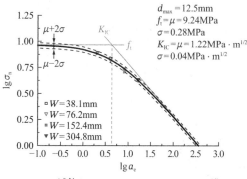

(c) S2 试件 $f_t = 9.24\text{MPa}$　$K_{IC} = 1.22\text{MPa} \cdot \text{m}^{1/2}$
构建的断裂破坏曲线

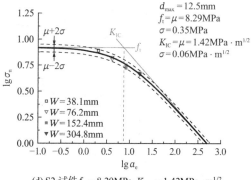

(d) S2 试件 $f_t = 8.29\text{MPa}$　$K_{IC} = 1.42\text{MPa} \cdot \text{m}^{1/2}$
构建的断裂破坏曲线

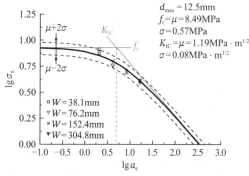

(e) S3 试件 $f_t = 8.49\text{MPa}$　$K_{IC} = 1.19\text{MPa} \cdot \text{m}^{1/2}$
构建的断裂破坏曲线

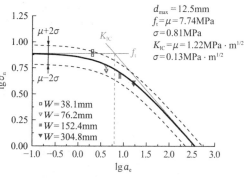

(f) S3 试件 $f_t = 7.74\text{MPa}$　$K_{IC} = 1.22\text{MPa} \cdot \text{m}^{1/2}$
构建的断裂破坏曲线

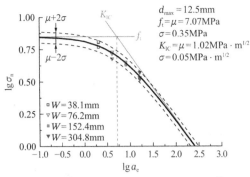

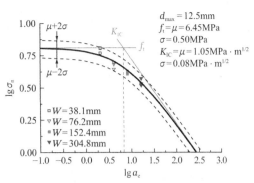

(g) S4 试件 $f_t = 7.07\text{MPa}$　$K_{IC} = 1.02\text{MPa} \cdot \text{m}^{1/2}$
构建的断裂破坏曲线

(h) S4 试件 $f_t = 6.45\text{MPa}$　$K_{IC} = 1.05\text{MPa} \cdot \text{m}^{1/2}$
构建的断裂破坏曲线

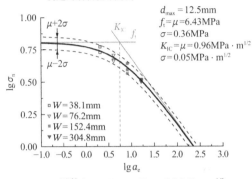

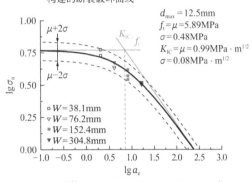

(i) S5 试件 $f_t = 6.43\text{MPa}$　$K_{IC} = 0.96\text{MPa} \cdot \text{m}^{1/2}$
构建的断裂破坏曲线

(j) S5 试件 $f_t = 5.89\text{MPa}$　$K_{IC} = 0.99\text{MPa} \cdot \text{m}^{1/2}$
构建的断裂破坏曲线

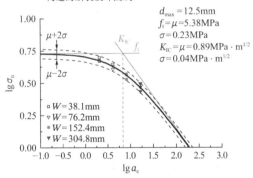

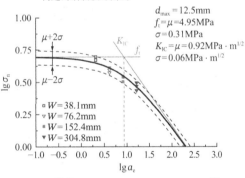

(k) S6 试件 $f_t = 5.38\text{MPa}$　$K_{IC} = 0.89\text{MPa} \cdot \text{m}^{1/2}$
构建的断裂破坏曲线

(l) S6 试件 $f_t = 4.95\text{MPa}$　$K_{IC} = 0.92\text{MPa} \cdot \text{m}^{1/2}$
构建的断裂破坏曲线

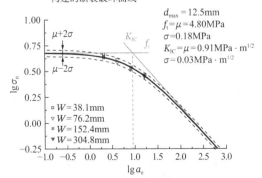

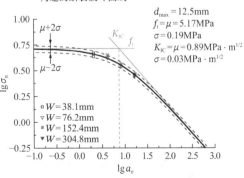

(m) S7 试件 $f_t = 4.80\text{MPa}$　$K_{IC} = 0.91\text{MPa} \cdot \text{m}^{1/2}$
构建的断裂破坏曲线

(n) S7 试件 $f_t = 5.17\text{MPa}$　$K_{IC} = 0.89\text{MPa} \cdot \text{m}^{1/2}$
构建的断裂破坏曲线

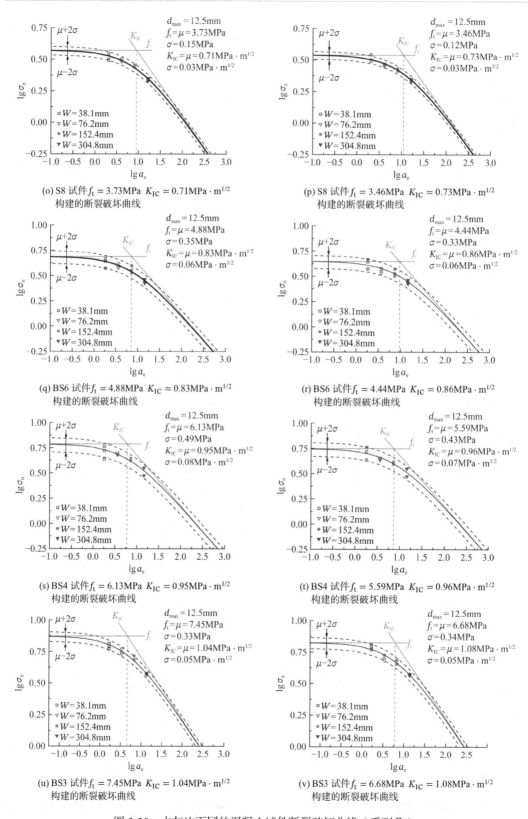

图 3-30 水灰比不同的混凝土试件断裂破坏曲线（系列Ⅱ）

第Ⅱ系列确定的 W_{min} 值如表 3-15 所示。

满足 LEFM 的混凝土试件的最小尺寸 W_{min}（系列Ⅱ）　　　　　表 3-15

	Δa_{fic}（mm）	K_{IC}（MPa·m$^{1/2}$）	f_t（MPa）	W_{min}（mm）	W_{min}/d_{max}
S1	$d_3 \sim d_3 \sim d_2 \sim 2 \times d_1$	1.26	9.67	787.9	63
	$d_3 - 2d_1$	1.26	8.74	964.5	77
S2	$d_3 \sim d_3 \sim d_2 \sim 2 \times d_1$	1.22	9.21	814.3	65
	$d_3 - 2d_1$	1.24	8.30	1035.8	83
S3	$d_3 \sim d_3 \sim d_2 \sim 2 \times d_1$	1.17	8.39	902.5	72
	$d_3 - 2d_1$	1.20	7.56	1169.2	94
S4	$d_3 \sim d_3 \sim d_2 \sim 2 \times d_1$	1.01	7.02	960.6	77
	$d_3 - 2d_1$	1.04	6.36	1240.9	99
S5	$d_3 \sim d_3 \sim d_2 \sim 2 \times d_1$	0.95	6.38	1028.9	82
	$d_3 - 2d_1$	0.98	5.80	1324.9	106
S6	$d_3 \sim d_3 \sim d_2 \sim 2 \times d_1$	0.89	5.35	1284.3	103
	$d_3 - 2d_1$	0.91	4.91	1594	128
S7	$d_3 \sim d_3 \sim d_2 \sim 2 \times d_1$	0.89	5.16	1380.6	110
	$d_3 - 2d_1$	0.90	4.77	1652.1	132
S8	$d_3 \sim d_3 \sim d_2 \sim 2 \times d_1$	0.71	3.72	1690.5	135
	$d_3 - 2d_1$	0.73	3.46	2065.7	165
BS6	$d_3 \sim d_3 \sim d_2 \sim 2 \times d_1$	0.82	4.86	1321.1	106
	$d_3 - 2d_1$	0.85	4.41	1724	138
BS4	$d_3 \sim d_3 \sim d_2 \sim 2 \times d_1$	0.94	6.10	1102	88
	$d_3 - 2d_1$	0.95	5.54	1364.6	109
BS3	$d_3 \sim d_3 \sim d_2 \sim 2 \times d_1$	1.04	7.43	909.2	73
	$d_3 - 2d_1$	1.07	6.62	1212.4	97

从表 3-15 和图 3-30 的比较可以看出，Ⅱ系列混凝土试件的最大相对尺寸（ $W = 304.8$mm ） $W/d_{max} = 24$。但是，Ⅱ系列测定的 W_{min}/d_{max} 大于 63。因此，Ⅱ系列的混凝土试件全部为准脆性断裂。

参 考 文 献

[1]　British Standards Institution.Testing hardened concrete——Part 3: Compressive strength of test specimens: BS EN 12390-3: 2009[S]. 2009.

[2] American Society of Testing Materials.Standard test method for static modulus of elasticity and poissons ratio of concrete in Compression: ASTM C469[S]. Pennsylvania, 2014.

[3] American Society of Testing Materials.Standard test method for splitting tensile strength of cylindrical concrete specimens: ASTM C496/C496M-04[S]. Pennsylvania, 2017.

[4] Sadrmomtazi A, Lotfi-Omran O, Nikbin I M. On the fracture parameters of heavy-weight magnetite concrete with different water-cement ratios through three methods[J]. Engineering Fracture Mechanics, 2019, 219: 106615.

[5] Guan J F, Yuan P, Hu X Z, et al. Statistical analysis of concrete fracture using normal distribution pertinent to maximum aggregate size[J]. Theoretical and Applied Fracture Mechanics, 2019, 101: 236-253.

[6] Guan J, Yuan P, Li L, et al. Rock fracture with statistical determination of fictitious crack growth[J]. Theoretical and Applied Fracture Mechanics, 2021, 112(2): 102895.

[7] Zhang P, Yuan P, Guan J F, et al. Statistical analysis of three-point-bending fracture failure of mortar[J]. Construction and Building Materials, 2021, 300(1): 123883.

[8] Fallahnejad H, Davoodi M R, Nikbin I M. The influence of aging on the fracture characteristics of recycled aggregate concrete through three methods[J]. Structural Concrete, 2020, 22: 74-93.

[9] Chen W, Yang H. Fracture performance of concrete incorporating different levels of recycled coarse aggregate[J]. Structural Concrete, 2021.

[10] Pradhan S, Kumar S, Barai S V. Impact of particle packing mix design method on fracture properties of natural and recycled aggregate concrete[J]. Fatigue & Fracture of Engineering Materials & Structures, 2018, 42(93): 1-16.

[11] 中华人民共和国住房和城乡建设部.混凝土结构设计标准（2024 年版）: GB/T 50010—2010[S]. 北京: 中国建筑工业出版社, 2011.

第 **4** 章

碾压混凝土强度与韧度参数兼容理论和模型的研究

4.1 试验概况

碾压混凝土（Roller Compacted Concrete，简称 RCC）是用硅酸盐水泥、粉煤灰或者磷渣粉、外加剂、砂、粗骨料和水制备成无坍落度的干硬性混凝土。相比普通混凝土，RCC 具有体积小、内部结构密实、强度高、防渗性能好、耐久性好和施工简便等优点，广泛应用于大坝、路面以及停车场等的建造，如白滩碾压混凝土重力坝、黄登大坝等[1-3]。由于 RCC 内部结构的复杂性和不均匀性，同时结构本身所处环境相对复杂且恶劣和施工技术问题等，导致坝体结构存在强度和断裂问题，而拉伸强度和断裂韧度直接影响整个坝体的结构性能和使用功能[4]。

Rahmani 等[5]采用最大骨料粒径为 d_{max} = 12.5mm 的碾压混凝土，研究水胶比（C/A）下 RCC 的断裂性能，浇筑了 6 组不同水胶比的试件，每个配合比下浇筑了不同尺寸的试件，每个尺寸浇筑 3 个试样，总共浇筑了 144 个三点弯曲试样，其中：（1）几何相似构件：厚度 B 均为 38.1mm、高度 W 分别是 38.1mm、76.2mm、152.4mm 和 304.8mm、跨度 S 均为 2.5 倍的高度 W（$S = 2.5W$），缝高比 α 为 0.3；（2）非几何相似构件：厚度 B 为 38mm、高度 W 为 94mm、跨度 S 为 752mm。表 4-1 汇总了各组试件的几何信息以对应峰值荷载。

碾压混凝土水胶比及峰值荷载统计 表 4-1

分组	水胶比（%）	试件类型	高度 W（mm）	缝高比 α	P_{max}（kN）	总数量
C1	12	几何相似	38.1	0.3	0.991、1.008、1.037	3
			76.2	0.3	1.958、2.039、2.076	3
			152.4	0.3	3.169、3.175、3.201	3
			304.8	0.3	4.971、4.976、5.027	3
		非几何相似	94.0	0.1	0.880、0.893、0.900	3
			94.0	0.2	0.662、0.673、0.685	3
			94.0	0.4	0.397、0.404、0.408	3
			94.0	0.6	0.185、0.188、0.192	3
C2	13	几何相似	38.1	0.3	1.304、1.383、1.411	3
			76.2	0.3	2.384、2.416、2.479	3
			152.4	0.3	3.694、3.725、3.776	3
			304.8	0.3	5.642、5.758、5.796	3
		非几何相似	94.0	0.1	0.957、0.966、0.978	3

分组	水胶比（%）	试件类型	高度W（mm）	缝高比α	P_{max}（kN）	总数量
C2	13	非几何相似	94.0	0.2	0.746、0.753、0.760	3
			94.0	0.4	0.421、0.429、0.434	3
			94.0	0.6	0.208、0.211、0.215	3
C3	14	几何相似	38.1	0.3	1.566、1.581、1.665	3
			76.2	0.3	2.535、2.677、2.767	3
			152.4	0.3	3.902、4.002、4.186	3
			304.8	0.3	6.136、6.193、6.293	3
		非几何相似	94.0	0.1	1.059、1.070、1.086	3
			94.0	0.2	0.817、0.821、0.836	3
			94.0	0.4	0.484、0.491、0.503	3
			94.0	0.6	0.226、0.231、0.233	3
C4	15	几何相似	38.1	0.3	1.708、1.794、1.809	3
			76.2	0.3	2.862、2.894、2.939	3
			152.4	0.3	4.330、4.357、4.476	3
			304.8	0.3	6.603、6.629、6.751	3
		非几何相似	94.0	0.1	1.182、1.194、1.203	3
			94.0	0.2	0.915、0.921、0.934	3
			94.0	0.4	0.515、0.521、0.533	3
			94.0	0.6	0.254、0.263、0.269	3
C5	16	几何相似	38.1	0.3	1.827、1.900、1.941	3
			76.2	0.3	3.014、3.101、3.128	3
			152.4	0.3	4.519、4.592、4.681	3
			304.8	0.3	6.846、6.961、7.014	3
		非几何相似	94.0	0.1	1.261、1.279、1.286	3
			94.0	0.2	0.953、0.962、0.974	3
			94.0	0.4	0.554、0.563、0.569	3
			94.0	0.6	0.269、0.274、0.279	3
C6	17	几何相似	38.1	0.3	1.939、2.050、2.081	3
			76.2	0.3	3.260、3.275、3.290	3

分组	水胶比（%）	试件类型	高度W（mm）	缝高比α	$P_{\max}$（kN）	总数量
C6	17	几何相似	152.4	0.3	4.694、4.773、4.808	3
			304.8	0.3	7.087、7.164、7.235	3
		非几何相似	94.0	0.1	1.316、1.329、1.352	3
			94.0	0.2	0.985、1.004、1.017	3
			94.0	0.4	0.571、0.579、0.586	3
			94.0	0.6	0.282、0.287、0.291	3

4.2　碾压混凝土特征参数的虚拟裂缝扩展量计算方法

Guan 等[6-9]在传统边界效应理论基础上，考虑骨料粒径对材料参数的影响，引入离散系数β表征混凝土断裂的离散性，并建立裂缝扩展量Δa_{fic}与特征骨料粒径d_i之间的关系，如式(4-1)所示。

$$\Delta a_{\mathrm{fic}} = \beta d_i \tag{4-1}$$

虚拟裂缝扩展量Δa_{fic}的大小与相对尺寸$(W-a_0)/d_i$有关，d_i为特征骨料粒径[10]，当相对韧度高度控制在$(W-a_0)/d_i = 5\sim15$范围内时，对应的裂缝扩展跨越一个集料d_i，即$\Delta a_{\mathrm{fic}} = d_i$，基于此提出了根据骨料级配曲线确定虚拟裂缝扩展量$\Delta a_{\mathrm{fic}}$的方法[11]。在此基础上，本书认为相对韧带高度$(W-a_0)/d_i = 3\sim15$范围内时，对应的裂缝扩展跨越一个集料$d_i$。因此当试件的相对韧带高度$(W-a_0)/d_{\max} > 15$，则$\beta = 2.0$，$d_i = d_{\max}$；相对韧带高度 $3 < (W-a_0)/d_{\max} \leqslant 15$ 时，则$\beta = 1.0$，$d_i = d_{\max}$；相对韧带高度$(W-a_0)/d_{\max} < 3$ 时，$P_{\max}$下的裂缝扩展量Δa_{fic}必定受限，将由d_{av}或者$d_{\min}$控制，当相对韧带高度$3 < (W-a_0)/d_{\mathrm{av}} \leqslant 15$，此时$\beta = 1.0$，$d_i = d_{\mathrm{av}}$；若相对韧带高度$(W-a_0)/d_{\mathrm{av}} < 3$ 且有 $3 < (W-a_0)/d_{\min} \leqslant 15$，此时$\beta = 1.0$，$d_i = d_{\min}$，如图 4-1 所示。

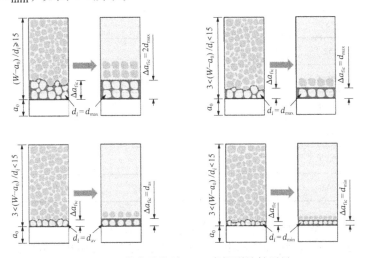

图 4-1　荷载峰值处 PCC 虚拟裂缝扩展量

4.3 碾压混凝土强韧参数的测定

文献[5]采用的碾压混凝土粗骨料级配为：$4.75 \sim 9.5\text{mm}$，$9.5 \sim 12.5\text{mm}$。因此特征骨料粒径d_i分别为$d_{\max} = 12.5\text{mm}$，$d_2 = 9.5\text{mm}$，$d_{\min} = 4.75\text{m}$，可近似认为$d_{\text{av}} = d_2 = 9.5\text{mm}$[10]。因此各构件对应的虚拟裂缝扩展量$\Delta a_{\text{fic}}$计算如下：

对于几何相似构件，当试样高度$W = 304.8\text{mm}$，$a_0 = 0.3W = 91.44\text{mm}$，则相对韧带高度$(W - a_0)/d_{\max} = 17.07 > 15$，则取$\beta = 2.0$，$d_i = d_{\max}$；同理，试样高度$W = 152.4\text{mm}$，$a_0 = 0.3W = 45.72\text{mm}$，则相对韧带高度$(W - a_0)/d_{\text{av}} = 11.23$（$< 15$，$> 3$），则取$\beta = 1.0$，$d_i = d_{\text{av}}$；试样高度$W = 76.2\text{mm}$，$a_0 = 0.3W = 22.86\text{mm}$，则相对韧带高度$(W - a_0)/d_{\min} = 11.23$（$< 15$，$> 3$），则取$\beta = 1.0$，$d_i = d_{\min}$；试样高度$W = 38.1\text{mm}$，$a_0 = 0.3W = 11.43\text{mm}$，则相对韧带高度$(W - a_0)/d_{\min} = 5.61$（$< 15$，$> 3$），则取$\beta = 1.0$，$d_i = d_{\min}$。

对于非几何相似构件，当试样高度$W = 94.0\text{mm}$，$a_0 = 0.6W = 56.4\text{mm}$，则相对韧带高度$(W - a_0)/d_{\min} = 7.91$（$< 15$，$> 3$），则取$\beta = 1.0$，$d_i = d_{\min}$；同理，试样高度$W = 94.0\text{mm}$，$a_0 = 0.4W = 37.6\text{mm}$，则相对韧带高度$(W - a_0)/d_{\min} = 11.87$（$< 15$，$> 3$），则取$\beta = 1.0$，$d_i = d_{\min}$；试样高度$W = 94.0\text{mm}$，$a_0 = 0.2W = 37.6\text{mm}$，则相对韧带高度$(W - a_0)/d_{\text{av}} = 7.92$（$< 15$，$> 3$），则取$\beta = 1.0$，$d_i = d_{\text{av}}$；试样高度$W = 94.0\text{mm}$，$a_0 = 0.1W = 9.4\text{mm}$，则相对韧带高度$(W - a_0)/d_{\max} = 6.77$（$< 15$，$> 3$），则取$\beta = 1.0$，$d_i = d_{\min}$。

不同尺寸的试样选用的离散系数β和特征骨料粒径d_i不同，从细观层面表征混凝土断裂存在的离散性问题。表4-2汇总了不同尺寸构件的离散系数β和特征骨料粒径d_i，以及各构件基于公式(4-1)计算得到的虚拟裂缝扩展量Δa_{fic}。

各试件对应的 d_i 取值表　　　　　　　　　　　　　　　　　　　　表 4-2

试件类型	高度W（mm）	缝高比α	离散系数β	d_i（mm）	Δa_{fic}（mm）
几何相似	38.1	0.3	1.0	4.75	4.75
	76.2	0.3	1.0	4.75	4.75
	152.4	0.3	1.0	9.5	9.5
	304.8	0.3	2.0	12.5	25.0
非几何相似	94.0	0.1	1.0	12.5	12.5
	94.0	0.2	1.0	9.5	9.5
	94.0	0.4	1.0	4.75	4.75
	94.0	0.6	1.0	4.75	4.75

对于RCC试样，基于表4-1中的试验峰值荷载$P_{\max}$和表4-2已确定的虚拟裂缝扩展量Δa_{fic}，代入式(4-2a)、式(4-2b)可计算出每个试样的拉伸强度f_t和断裂韧度K_{IC}。并将计算结果采用正态分布进行统计分析。

$$f_t = \sigma_n(P_{max}, \beta d_i)\sqrt{1 + \frac{a_e}{a_{ch}^*}} = \frac{1.5\frac{S}{B}P_{max}}{W^2(1-\alpha)\left(1-\alpha+2\frac{\beta d_i}{W}\right)} \cdot \sqrt{\left(1 + \frac{a_e}{d_i}\right)} \tag{4-2a}$$

$$K_{IC} = 1.12\pi\sigma_n(P_{max}, \beta d_i)\cdot\sqrt{a_e + a_{ch}^*} = 1.12\pi\frac{1.5\frac{S}{B}P_{max}}{W^2(1-\alpha)\left(1-\alpha+2\frac{\beta d_i}{W}\right)} \cdot \sqrt{a_e + d_i} \tag{4-2b}$$

为了更好地说明正态分布统计分析的合理性与直观性，图 4-2～图 4-7 分别绘制了各组碾压混凝土（RCC）的拉伸强度 f_t 和断裂韧度 K_{IC} 正态函数分布图，根据正态分布图可以很好地看出吻合度较好。表 4-3 给出了各组 RCC 材料参数（f_t 和 K_{IC}）的统计均值 μ、方差 σ 以及离散度 CV。表 4-4 汇总了由 Rahmani E 等[5]确定的材料参数以及本书采用正态统计断裂分析模型得到的材料参数。

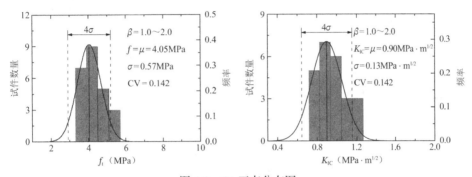

图 4-2 C1 正态分布图

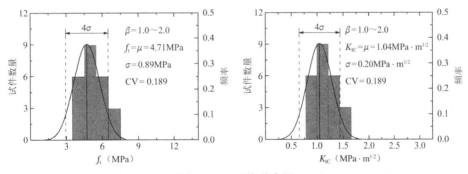

图 4-3 C2 正态分布图

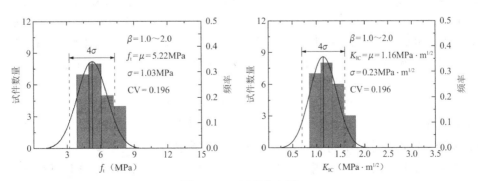

图 4-4 C3 正态分布图

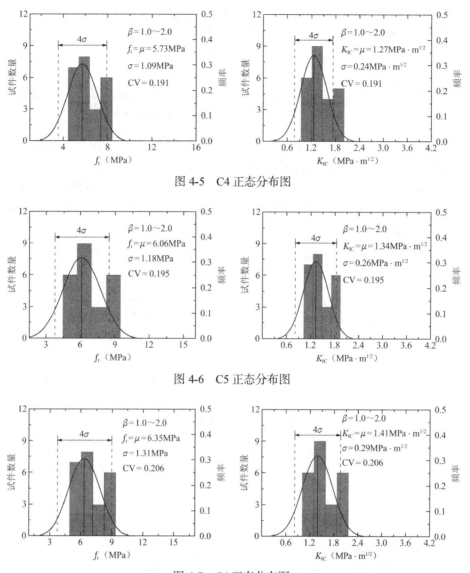

图 4-5   C4 正态分布图

图 4-6   C5 正态分布图

图 4-7   C6 正态分布图

　　各组 RCC 试件采用不同的水胶比，六组试样的水胶比分别是 12%、13%、14%、15%、16% 和 17%，由表 4-3 可知，通过正态分布统计分析得到对应各组 RCC 的拉伸强度 f_t 和断裂韧度 K_{IC} 的变异系数 CV 为 0.142、0.189、0.196、0.191、0.195、0.206。可以发现拉伸强度 f_t 和断裂韧度 K_{IC} 的离散性随水胶比增加而增加，这主要是因为水胶比越大，即水泥含量越大，导致试件脆性越明显，微细观结构的各向异性越显著。此外，由正态分布函数确定的拉伸强度 f_t 和断裂韧度 K_{IC} 随水胶比增加而增加，这种变化趋势与文献[5]中的变化趋势一致，其原因是水泥含量的增加提高了 RCC 中水泥浆体的质量，进而导致 RCC 对裂缝发展产生了更高抵抗力。由分析结果可以看出，正态分布函数除了可以分析不同尺寸 RCC 试样的材料参数，还可以分析不同强度 RCC 试样的材料参数。

　　由表 4-4 可知，文献[5]中实测 C1～C6 各组的 RCC 拉伸强度 f_t 分别为 3.12MPa、3.45MPa、3.61MPa、3.91MPa、4.18MPa 和 4.23MPa，采用尺寸效应模型（SEM）分析了 RCC 几何相似

构件得到 C1~C6 各组的断裂韧度分别为 K_{IC} 为 0.95MPa·$m^{1/2}$、1.03MPa·$m^{1/2}$、1.09MPa·$m^{1/2}$、1.16MPa·$m^{1/2}$、1.20MPa·$m^{1/2}$ 和 1.23MPa·$m^{1/2}$，采用边界效应模型（BEM）分析了 RCC 非几何相似构件，通过线性回归得到 C1~C6 各组拉伸强度 f_t 分别为 4.43MPa、4.89MPa、5.43MPa、6.11MPa、6.50MPa 和 6.79MPa，断裂韧度分别为 K_{IC} 为 0.86MPa·$m^{1/2}$、0.93MPa·$m^{1/2}$、1.03MPa·$m^{1/2}$、1.10MPa·$m^{1/2}$、1.16MPa·$m^{1/2}$ 和 1.19MPa·$m^{1/2}$。本书采用正态分布计算得到的拉伸强度统计均值 f_t 分别为 4.05MPa、4.71MPa、5.22MPa、5.73MPa、6.06MPa 和 6.35MPa，另断裂韧度 K_{IC} 的统计平均值分别为 0.90MPa·$m^{1/2}$、1.04MPa·$m^{1/2}$、1.16MPa·$m^{1/2}$、1.27MPa·$m^{1/2}$、1.34MPa·$m^{1/2}$ 和 1.41MPa·$m^{1/2}$。因此，采用正态分布统计分析可以确定较为合理的拉伸强度 f_t 和断裂韧度 K_{IC}。相比文献[5]中对几何相似构件和非几何相似构件分别采用了 SEM 和 BEM 进行分析，本书采用正态统计断裂分析模型可以同时分析几何相似构件和非几何相似构件。

RCC 参数正态统计分布结果　　　　　　　　　　　　　　表 4-3

参数	组号					
	C1	C2	C3	C4	C5	C6
f_t（MPa）	4.05	4.71	5.22	5.73	6.06	6.35
σ（MPa）	0.57	0.89	1.03	1.09	1.18	1.31
CV	0.142	0.189	0.196	0.191	0.195	0.206
K_{IC}（MPa·$m^{1/2}$）	0.90	1.04	1.16	1.27	1.34	1.41
σ（MPa）	0.13	0.20	0.23	0.24	0.26	0.29
CV	0.142	0.189	0.196	0.191	0.195	0.206

正态分布统计结果与原文献结果对比　　　　　　　　　　表 4-4

组数	f_c（MPa）	f_t（MPa）	K_{IC}（MPa·$m^{1/2}$）	K_{IC}（MPa·$m^{1/2}$）	f_t（MPa）	f_t（MPa）	K_{IC}（MPa·$m^{1/2}$）
	试验		文献[5]（SEM）	文献[5]（BEM）	文献[5]（BEM）		
C1	23.46	3.12	0.95	0.86	4.43	4.05	0.90
C2	28.33	3.45	1.03	0.93	4.89	4.71	1.04
C3	30.68	3.61	1.09	1.03	5.43	5.22	1.16
C4	33.7	3.91	1.16	1.10	6.11	5.73	1.27
C5	35.53	4.18	1.20	1.16	6.50	6.06	1.34
C6	36.51	4.23	1.23	1.19	6.79	6.35	1.41

4.4　碾压混凝土结构特性的预测

1.混凝土断裂预测线

通过正态分布得到各组 RCC 的拉伸强度 f_t 和断裂韧度 K_{IC}，代入下式：

$$\frac{1}{\sigma_n^2(P_{max}, \Delta a_{fic})} = \frac{1}{\sigma_n^2(P_{max}, \beta \cdot d_i)} = \frac{1}{f_t^2} + \frac{4a_e}{K_{IC}^2} \tag{4-3}$$

即可建立各组 RCC 材料的设计预测全曲线，如图 4-8~图 4-13 所示。从图中可以看出，RCC 结构存在 3 个破坏区域，分别是：$a_e/a_{ch}^* \leqslant 0.10$ 时以拉伸强度 f_t 控制的区域、$a_e/a_{ch}^* \geqslant 10$ 时以断裂韧度 K_{IC} 控制的区域以及 $0.10 \leqslant a_e/a_{ch}^* \leqslant 10$ 时以拉伸强度 f_t 和断裂韧度 K_{IC} 共同控制（准脆性区域）[8,12-13]。考虑到结构设计的安全性要求，因此可结合正态分布函数的可靠度原则（$\mu \pm 2\sigma$）构建 RCC 在不同水胶比下的设计预测全曲线，以保证其具有 95% 的可靠度。

可以看出试验数据均处于准脆性区域，这是因为实验室采用的是小尺寸试件。并且结合正态分布可靠度原则构建的设计预测全曲线涵盖了所有的试验数据，有效验证了本书模型的可靠性。

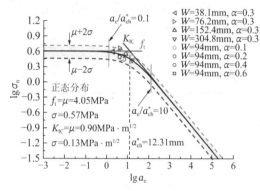

图 4-8 C1 的破坏预测全曲线

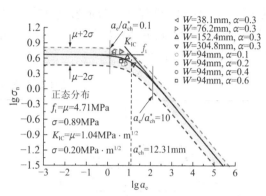

图 4-9 C2 的破坏预测全曲线

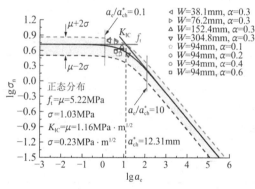

图 4-10 C3 的破坏预测全曲线

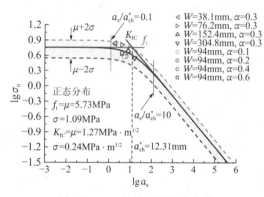

图 4-11 C4 的破坏预测全曲线

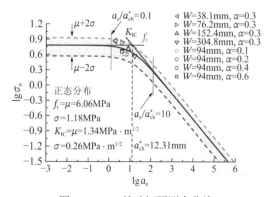

图 4-12 C5 的破坏预测全曲线

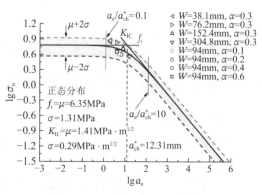

图 4-13 C6 的破坏预测全曲线

2. 简化预测模型

基于计算拉伸强度f_t和断裂韧度K_{IC}的理论公式(4-4a)和公式(4-4b)，通过变形可得P_{max}的简化计算公式(4-5a)和公式(4-5b)[14]。

$$f_t = \sigma_n(P_{max}, \beta d_i)\sqrt{1 + \frac{a_e}{a_{ch}^*}} = \frac{1.5\dfrac{S}{B}P_{max}}{W^2(1-\alpha)\left(1-\alpha+2\dfrac{\beta d_i}{W}\right)} \cdot \sqrt{1+\frac{a_e}{d_i}} \tag{4-4a}$$

$$K_{IC} = 1.12\pi\sigma_n(P_{max}, \beta d_i)\cdot\sqrt{a_e + a_{ch}^*} = 1.12\pi\frac{1.5\dfrac{S}{B}P_{max}}{W^2(1-\alpha)\left(1-\alpha+2\dfrac{\beta d_i}{W}\right)} \cdot \sqrt{a_e + d_i} \tag{4-4b}$$

$$P_{max} = K_{IC}\frac{W^2(1-\alpha)\left(1-\alpha+2\dfrac{\beta d_i}{W}\right)}{1.12\pi \cdot 1.5\left(\dfrac{S}{B}\right)\sqrt{a_e + d_i}} = K_{IC}A_e^1 \tag{4-5a}$$

$$P_{max} = f_t\frac{W^2(1-\alpha)\left(1-\alpha+2\dfrac{\beta d_i}{W}\right)}{1.5\dfrac{S}{B}\sqrt{1+\dfrac{a_e}{d_i}}} = f_t A_e^2 \tag{4-5b}$$

式中：A_e——等效面积。由试件尺寸W、初始缝长a_0和特征骨料粒径d_i决定。

由式(4-5a)和式(4-5b)可得出：P_{max}与f_t和K_{IC}呈线性关系。当大型结构材料的f_t和K_{IC}已知，可根据其等效面积通过式(4-5a)或式(4-5b)预测对应的峰值荷载P_{max}，进而为工程结构的安全运营提供依据。基于本书采用正态分布的得到各组 RCC 的材料参数，图 4-14～图 4-19 分别给出了各组 RCC 试件的P_{max}-A预测线以及试验结果。可以看到，所有试验数据涵盖在上下限（$\mu \pm 2\sigma$）范围内，进一步验证了本书所提模型的合理性。

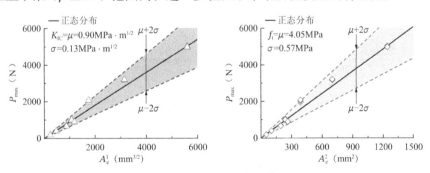

图 4-14　C1 荷载峰值包络图

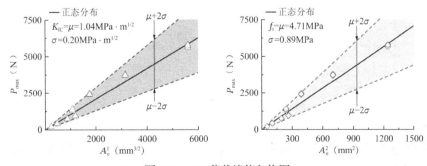

图 4-15　C2 荷载峰值包络图

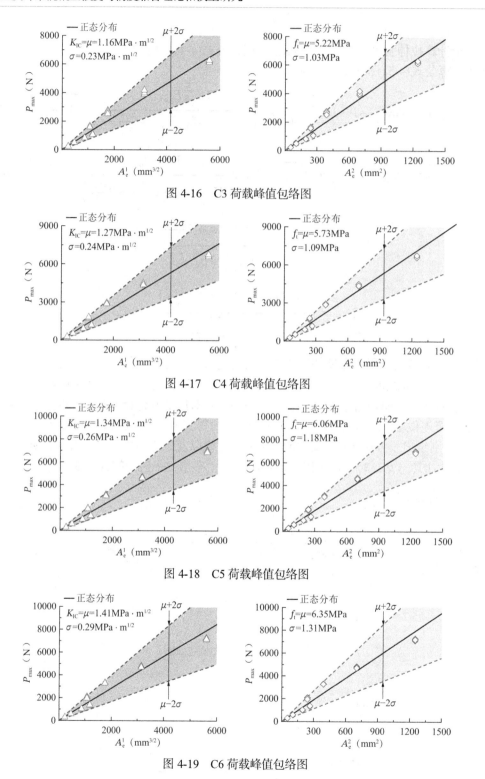

图 4-16 C3 荷载峰值包络图

图 4-17 C4 荷载峰值包络图

图 4-18 C5 荷载峰值包络图

图 4-19 C6 荷载峰值包络图

3. 总结思考

目前混凝土材料参数测试均采用小尺寸试件，试件形式及尺寸有严格的要求。如何根据室内试验结果，进行实际工程尺度混凝土结构的断裂安全性评价，是断裂力学未来发展的趋势，然而，相关研究较少。本书探索性建立室内试验结果与实际混凝土结构断裂性能的桥梁，为相关研究提供参考。具体的计算分析流程如图 4-20 所示。

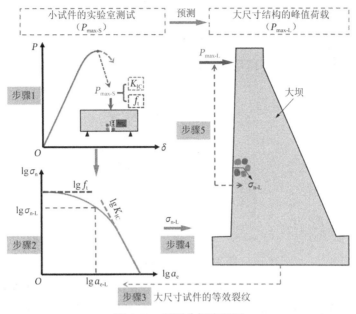

图 4-20　预测分析流程图

步骤 1：根据尺寸效应模型，采用室内小试件试验荷载峰值$P_{\text{max-S}}$，得到混凝土无尺寸效应的断裂韧度K_{IC}和拉伸强度f_t。

步骤 2：根据步骤 1 中的断裂韧度K_{IC}和拉伸强度f_t，采用式(4-2)，得到混凝土破坏全曲线。

步骤 3：计算得到实际带裂缝混凝土工程结构的等效裂缝长度$a_{\text{e-L}}$值。

步骤 4：将步骤 3 中的$a_{\text{e-L}}$值代入步骤 2 中的破坏全曲线，计算得到实际混凝土结构的名义应力$\sigma_{\text{n-L}}$。

步骤 5：根据步骤 4 中的名义应力$\sigma_{\text{n-L}}$，得到实际混凝土结构的破坏荷载峰值$P_{\text{max-L}}$。

4. 预测验证

根据图 4-20 预测分析流程图所示的预测步骤进行预测验证。

为验证所述方法的可行性，选取 Wu 等[15]进行的 1.2m 高的重力坝模型试验为例进行验证，重力坝模型如图 4-21 所示。模型坝的预制缝长为 150mm，预制缝距坝底的距离D是 300mm，最大骨料粒径$d_{\text{max}} = 10\text{mm}$。基于小尺寸试件的试验结果，文献[15]浇筑了 6 个 150mm × 150mm × 150mm 的标准混凝土立方块测得混凝土拉伸强度f_t为 2.9MPa，同时浇筑了 3 组(每组 3 个试件)尺寸分别为 400mm × 100mm × 45mm、400mm × 100mm × 75mm 和 400mm × 100mm × 100mm，初始缝高比$\alpha = 0.3$的三点弯曲试件，测得混凝土断裂韧度K_{IC}为 1.25MPa · m$^{1/2}$。

$$A(\alpha) = 1.0163\text{e}^{-1.795\alpha} \tag{4-6}$$

结构未考虑裂缝扩展影响的名义应力$\sigma_{\text{N-L}}$与考虑裂缝扩展影响的名义应力$\sigma_{\text{n-L}}$之间存在以下关系：

$$A(\alpha) = \sigma_{\text{N-L}}/\sigma_{\text{n-L}} \tag{4-7}$$

名义应力σ_{N-L}、几何因子$Y(\alpha)$与应力强度因子K_I存在以下关系[16]：

$$Y(\alpha) = \frac{K_I}{\sigma_{N-L} \cdot \sqrt{\pi \cdot \alpha}} \tag{4-8}$$

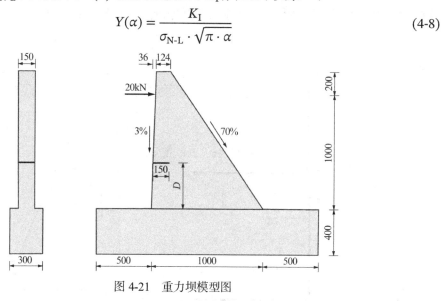

图 4-21   重力坝模型图

采用 ABAQUS 分析软件，建立不同缝高比（$\alpha = 0.05$、0.1、0.2 和 0.3）的数值模型，距坝顶 200mm 处施加 20kN 的集中荷载，根据计算结果，得到不考虑裂缝扩展影响的名义应力σ_{N-L}。重力坝模型的缝高比α分别为 0.05、0.1、0.2 和 0.3，各模型的相对韧带高度$(W - a_0)/d_{max} > 15$，根据本书图 4-4，虚拟裂缝扩展均取 2 倍最大骨料粒径（$d_{max} = 10mm$），建立对应考虑$2d_{max}$裂缝扩展的数值模型，根据计算结果，得到考虑裂缝扩展影响的名义应力σ_{n-L}。

同样，采用 ABAQUS 分析软件，建立不同缝高比（$\alpha = 0.05$、0.1、0.2 和 0.3）的数值模型，顶部施加 20kN 的集中荷载，根据计算结果，得到不考虑裂缝影响的名义应力σ_{N-L}，通过J积分计算得到应力强度因子K_I。

基于 ABAQUS 分析软件得到的σ_{N-L}、σ_{n-L}和K_I代入式(4-7)和式(4-8)得到$A(\alpha)$和几何因子$Y(\alpha)$。分别建立几何因子$A(\alpha)$、$Y(\alpha)$与缝高比α之间的关系［图 4-22（a）、图 4-22（b）］，得到式(4-9)和式(4-10)。

$$Y(\alpha) = 0.8528e^{4.6264\alpha} \tag{4-9}$$

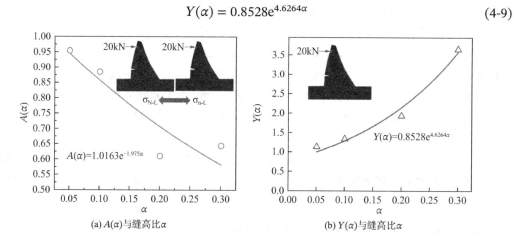

(a) $A(\alpha)$与缝高比α (b) $Y(\alpha)$与缝高比α

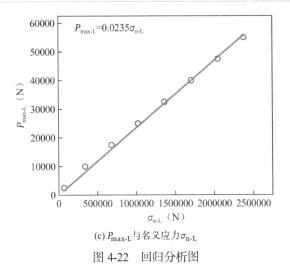

(c) $P_{\text{max-L}}$ 与名义应力 $\sigma_{\text{n-L}}$

图 4-22　回归分析图

将式(4-8)与式(4-9)代入公式 $a_e = \left[\dfrac{A(\alpha) \times Y(\alpha)}{1.12}\right]^2 \cdot a_0$，得到重力模型坝的等效裂缝长度 $a_{e\text{-L}}$ 表达式如下：

$$a_{e\text{-L}} = \left[\frac{1.0163e^{-1.795\alpha} \times 0.8528e^{4.6264\alpha}}{1.12}\right]^2 \cdot a_0 \tag{4-10}$$

通过 ABAQUS 分析软件,分析了 $D = 300\text{mm}$ 处 a_0 为 150mm 的重力坝模型在不同 $P_{\text{max-L}}$ 下的尖端名义应力 $\sigma_{\text{n-L}}$,进而建立尖端名义应力 $\sigma_{\text{n-L}}$ 与荷载 $P_{\text{max-L}}$ 的关系如下[图 4-22(c)]:

$$P_{\text{max-L}} = 0.0235 \times (1\text{m}^2 \cdot \sigma_{\text{n-L}}) \tag{4-11}$$

由图 4-21 可知, $D = 300\text{mm}$ 对应的缝高比 $\alpha = 0.19$, 代入式(4-10)可得 $a_{e\text{-L}} = 263.45\text{mm}$。将已确定的材料参数 f_t、K_{IC} 和计算得到的 $a_{e\text{-L}}$ 代入下式:

$$\frac{1}{\sigma_n^2(P_{\max}, \Delta a_{\text{fic}})} = \frac{1}{\sigma_n^2(P_{\max}, \beta \cdot d_i)} = \frac{1}{f_t^2} + \frac{4a_e}{K_{\text{IC}}^2} \tag{4-12}$$

可得 $\sigma_{\text{n-L}} = 1122718.4\,\text{Pa}$ 。将计算的 $\sigma_{\text{n-L}}$ 代入式(4-11)得到预测失稳峰值荷载 $P_{\text{max-L}} = 26.38\text{kN}$,而文献[15]中试验的失稳峰值荷载为 30.89kN,二者吻合度较好。分析认为误差原因可能是由于原文献[15]提供材料参数(K_{IC}、f_t)存在尺寸效应问题。经过上述验证,本书所提模型探索性建立了室内小尺寸试验结果和工程尺度断裂安全性预测的桥梁。

参 考 文 献

[1]　Scorza D, Ronchei C, Vantadori S, et al. Size-effect independence of hybrid fiber-reinforced roller-compacted concrete fracture toughness[J]. Composites Part C: Open Access, 2022.

[2]　Najimi M, Sobhani J, Pourkhorshidi A R. A comprehensive study on no-slump concrete: From laboratory towards manufactory[J]. Construction and Building Materials, 2012, 30: 529-536.

[3]　Ahmadi M, Shafabakhsh G A, Di Mascio P, et al. Failure behavior of functionally graded roller compacted

concrete pavement under mode Ⅰ and Ⅲ fracture[J]. Construction and Building Materials, 2021(Nov.8): 307.

[4] Rahmani E, Sharbatdar M K, Beygi M H A. The effect of water-to-cement ratio on the fracture behaviors and ductility of Roller Compacted Concrete Pavement (RCCP)[J].Theoretical and Applied Fracture Mechanics, 2020: 102753.

[5] Rahmani E, Sharbatdar M K, Beygi M H A .Influence of cement contents on the fracture parameters of Roller compacted concrete pavement (RCCP)[J]. Construction and Building Materials, 2021(289): 123159.

[6] Guan J F, Wang Q, Hu X Z, et al. Boundary effect fracture model for concrete and granite considering aggregate size[J]. Engineering Mechanics, 2017, 34(12): 22-30.

[7] Guan J F, Hu X Z, Li Q B. In-depth analysis of notched 3-p-b concrete fracture[J]. Engineering Fracture Mechanics, 2016, 165 (10): 57-71.

[8] Guan J F, Qian G S, Bai W F, et al. Method for predicting fracture and determining true material parameters of rock[J]. Chinese Journal of Rock Mechanics and Engineering, 2018, 37(5): 1146-1160.

[9] Guan J F, Hu X Z, Yao X H, et al. Determination of tensile strength and fracture toughness of concrete using notched 3-p-b specimens[J]. Engineering Fracture Mechanics, 2016, 160(7): 67-77.

[10] Guan J F, Song Z K, Zhang M, et al. Concrete fracture considering aggregate grading[J]. Theoretical and Applied Fracture Mechanics, 2021, 112(1): 102833.

[11] Guan J F, Yin Y, Li Y, et al. A design method for determining fracture toughness and tensile strength pertinent to concrete sieving curve[J]. Engineering Fracture Mechanics, 2022(271): 108596.

[12] Guan J F, Yao X H, Bai W F, et al. Determination of fracture toughness and tensile strength of concrete using small specimens[J]. Engineering Mechanics, 2019, 36(1): 70-79.

[13] Chen S S, Wang H, Guan J F, et al. Determination method and prediction model of fracture and strength of recycled aggregate concrete at different curing ages[J]. Construction and Building Materials, 2022, (343): 128070.

[14] Guan J F, Lu M, Wang H, et al. Determination of the fracture toughness and tensile strength of concrete using geometrically and nongeometrically similar specimens[J]. Engineering Mechanics, 2021, 38(9): 45-63.

[15] Wu Z M, Rong H, Zheng J J, et al. Numerical Method for Mixed-Mode Ⅰ - Ⅱ Crack Propagation in Concrete[J]. Journal of Engineering Mechanics, 2013, 139(11): 1530-1538.

[16] Ince R. Determination of concrete fracture parameters based on peak-load method with diagonal split-tension cubes[J]. Engineering Fracture Mechanics, 2012, 82: 100-114.

第 **5** 章

钢纤维混凝土强度与韧度参数兼容理论和模型的研究

5.1 试验概况

本节分析所用的具体钢纤维混凝土试件详见表 5-1，所有试件均选用端钩形冷拉型钢纤维，所用 Ghasemi 等[1-2]学者试验共计 15 种配合比，变化参数分别为水灰比、钢纤维掺量、骨料最大粒径。水灰比分别为 $W/C = 0.42$、$W/C = 0.52$、$W/C = 0.62$，钢纤维掺量 V_f 分别为 $V_f = 0.1\%$、$V_f = 0.3\%$、$V_f = 0.5\%$，骨料最大粒径 d_{max} 分别为 $d_{max} = 9.5mm$、$d_{max} = 12.5mm$、$d_{max} = 19mm$，每种配合比对应 3 组试件，其试件高度 W 分别为 $W = 100mm$、$W = 200mm$、$W = 400mm$。钢纤维特征参数 $f_f = 1200N/mm^2$、$d_f = 0.6mm$、$l_f = 30mm$。试件形式均采用跨高比 $S/W = 2.5$ 的三点弯曲型试验梁，并按照 RILEM FMT-89[3]的要求进行加载，试验中记录各试件的峰值荷载 P_{max}。试样的测试装置及试样如图 5-1 所示。

钢纤维混凝土试件信息及材料特性

表 5-1

W/C	V_f（%）	d_{max}（mm）	f_c（MPa）	$f_{t,p}$（MPa）	$K_{IC,SEM}$（MPa·m$^{1/2}$）
0.42	0.3	9.5	23	2.43~3.64	1.29
		12.5	21.5	2.27~3.40	0.96
		19	30.53	3.22~4.83	1.37
0.52	0.1	9.5	32.4	3.42~5.13	1.11
		12.5	24.55	2.59~3.88	1.03
		19	25.49	2.69~4.03	1.17
	0.3	9.5	26.15	2.76~4.14	1.04
		12.5	27.55	2.91~4.36	1.02
		19	27.41	2.89~4.34	0.92
	0.5	9.5	23.75	2.51~3.76	1.04
		12.5	22.25	2.35~3.52	1.08
		19	30.15	3.18~4.77	1.21
0.62	0.3	9.5	21	2.22~3.32	0.77
		12.5	20.5	2.16~3.24	0.69
		19	23	2.43~3.64	1.02

此外，分别根据文献[4]和 ASTM C496[5]，对每个配合比进行 150mm × 300mm 圆柱体抗压强度试验和 150mm × 300mm 圆柱体劈裂抗拉强度试验，分别测得对应的 f_c 和 f_{ts}。基于

150mm × 300mm 圆柱体抗压强度实测值 f_c，考虑关系式 $f_c = 0.79 f_{cu}$[6]，则 $f_{cu} = f_c/0.79$，考虑混凝土抗拉强度约为其抗压强度的 1/12～1/8[7]，同时考虑关系式 $f_t = 0.3 f_{cu}^{2/3}$[3]，则拉伸强度预测值 $f_{t,p}$ 可确定出并列入表 5-1。由尺寸效应模型（SEM）确定的断裂韧度 $K_{IC,SEM}$[1-2] 见表 5-1。

图 5-1   试样的测试设置及试样[5-6]

5.2   考虑骨料与钢纤维特征参数的虚拟裂缝扩展量计算方法

实验室条件下钢纤维混凝土相对尺寸 $(W - a_0)/l_f = 1～10$、$W/d_{max} = 5～20$ 较小而非均质性明显。图 5-2 分别为不同最大骨料粒径（$d_{max,1}$、$d_{max,2}$）、不同钢纤维掺量（$V_{f,1}$、$V_{f,2}$）、不同钢纤维长度（$l_{f,1}$、$l_{f,2}$）的三点弯曲混凝土试件裂缝扩展示意图。如图 5-2 所示，即使对相同尺寸试件（W 和 a_0 不变），其细观层面上的钢纤维特性（V_f、l_f、d_f、f_f）、骨料特征粒径（d_i）、试件边界（a_0、$W - a_0$）等互相影响，使得有限尺寸试件在宏观层面上表现出不同的结构特性。

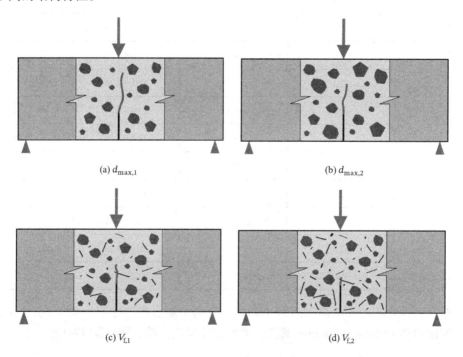

(a) $d_{max,1}$ (b) $d_{max,2}$

(c) $V_{f,1}$ (d) $V_{f,2}$

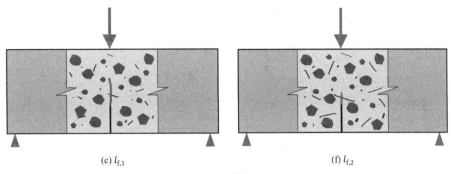

(e) $l_{f,1}$　　　　　　　　　　　　　　　　(f) $l_{f,2}$

图 5-2　钢纤维特性、骨料级配、试件边界的相互影响

对于普通混凝土，考虑骨料级配、试件前后边界等对断裂破坏的重要影响，课题组提出了考虑骨料级配的离散颗粒断裂模型[8-9]，基于小尺寸试件，即可同时确定普通混凝土的 K_{IC} 和 f_t。而对于钢纤维混凝土复合材料，细观层面上，其裂缝的扩展受钢纤维与混凝土骨料的耦合影响，两种作用均不能忽略。由此，将钢纤维和骨料的耦合作用，体现到试件峰值荷载 P_{max} 对应的虚拟裂缝扩展量 Δa_{fic} 的计算上，并将钢纤维特性（V_f、l_f、d_f、f_f）、骨料特征粒径（d_i）与虚拟裂缝扩展量 Δa_{fic} 相联系，可得：

$$\Delta a_{fic} = nd_i - aV_f l_f f_f d_f \tag{5-1}$$

式中：　　Δa_{fic}——虚拟裂缝扩展量，代表试件峰值荷载 P_{max} 对应的初始裂缝尖端的裂缝扩展量；

　　　　　d_i——骨料特征粒径，代表起控制作用的骨料颗粒大小[8-9]，基于实际的粗骨料不同粒径分布、筛分曲线、试验筛孔等，可取为 $d_i = d_{max}$、$d_i = d_{av1}$、$d_i = d_{av2}$、$d_i = d_{min}$ 等；

　　　　d_{max}——粗骨料的骨料最大粒径；

　　　　d_{min}——粗骨料的骨料最小粒径；

d_{av1} 和 d_{av2}——d_{max} 和 d_{min} 间的粒径大小，其具体数值的选取依赖于试验筛分曲线，其可视为不同骨料的平均粒径；

　　　　　n——虚拟裂缝扩展量 Δa_{fic} 中，对最大骨料粒径加的离散系数，起到控制数据离散的作用；n 的取值依据如下：当试件韧带高度（$W - a_0$）较大，若 d_i 取骨料最大粒径 d_{max} 时，仍不能满足相对尺寸 $(W - a_0)/d_{max} \approx 10$，则可取 $n = 1$、1.5、2、3、4……，使得试件相对尺寸 $(W - a_0)/nd_{max} \approx 10$；

　　　　　a——试验系数，可通过大量试验的统计分析得出，本书基于试验结果的回归分析，对于钢纤维混凝土，取 $a = 1/10000$；对于钢纤维高强混凝土，取 $a = 3.5/10000$；

V_f、l_f、d_f、f_f——钢纤维掺量、钢纤维长度、钢纤维直径、钢纤维抗拉强度纤维特征参数。

5.3　钢纤维混凝土强韧参数的测定

钢纤维混凝土断裂性能设计方法的具体计算流程如图 5-3 所示。

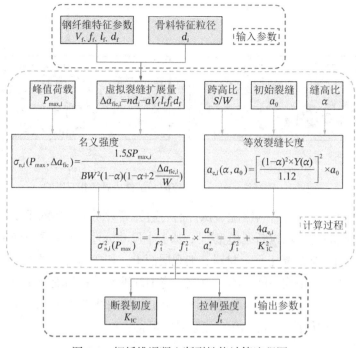

图 5-3　钢纤维混凝土断裂性能计算流程图

第一步分别输入钢纤维特征参数（V_f、l_f、d_f、f_f），混凝土骨料特征粒径d_i；第二步将钢纤维特征参数（V_f、l_f、d_f、f_f）和混凝土骨料特征粒径d_i代入每个钢纤维混凝土试件虚拟裂缝扩展量Δa_{fic}的计算公式，得到每个钢纤维混凝土试件在峰值荷载$P_{max,i}$时考虑钢纤维和骨料耦合作用的虚拟裂缝扩展量$\Delta a_{fic,i}$，再将每个钢纤维混凝土试件的峰值荷载$P_{max,i}$与由式(5-1)计算得到的虚拟裂缝扩展量$\Delta a_{fic,i}$代入下式：

$$\sigma_{n,i}(P_{max}, \Delta a_{fic} = nd_i - aV_fl_ff_fd_f) = \frac{1.5SP_{max,i}}{BW^2(1-\alpha)\left(1-\alpha+2\dfrac{\Delta a_{fic,i}}{W}\right)} \tag{5-2}$$

式中：B——试件厚度。

即可得到每个试件的名义应力$\sigma_{n,i}$，再将每个试件的尺寸与形式（S/W、α、a_0）代入式(5-3)

$$\sigma_{n,i}(P_{max}, \Delta a_{fic} = nd_i - aV_fl_ff_fd_f) = \frac{f_t}{\sqrt{1 + \dfrac{a_e}{a_\infty^*}}} \tag{5-3}$$

即可得到每个钢纤维混凝土试件的$a_{e,i}(\alpha, a_0)$；第三步将每个钢纤维混凝土试件对应的$a_{e,i}(\alpha, a_0)$和名义应力$\sigma_{n,i}$代入下式：

$$\frac{1}{\sigma_{n,i}^2(P_{max}, nd_i - aV_fl_ff_fd_f)} = \frac{1}{f_t^2} + \frac{4a_{e,i}}{K_{IC}^2} \tag{5-4}$$

通过数据拟合，即可由外推法同时确定出钢纤维混凝土的断裂韧度K_{IC}和拉伸强度f_t。基于本书所提的设计方法，工程师仅需输入钢纤维特征参数（V_f、l_f、d_f、f_f），混凝土骨料特征粒径d_i，按照该设计方法的计算流程逐步计算，即可同时确定钢纤维混凝土的断裂韧度K_{IC}和拉伸强度f_t或通过调整以上参数来调整钢纤维混凝土混合物的断裂性能以达到设计要求。

1. 确定水灰比为 0.42 的钢纤维混凝土的断裂韧度和拉伸强度

以$W/C = 0.42$的钢纤维混凝土试件为分析对象。其试件的钢纤维特征参数$f_f = 1200\text{N/mm}^2$，$d_f = 0.6\text{mm}$，$l_f = 30\text{mm}$，钢纤维掺量$V_f = 0.3\%$，变化参数d_{max}取值分别为$d_{max} = 9.5\text{mm}$、$d_{max} = 12.5\text{mm}$、$d_{max} = 19\text{mm}$。则对于$d_{max} = 9.5\text{mm}$的混凝土配比粗骨料级配为 4.75～9.5mm[3-4]，分析确定$d_{max} = 9.5\text{mm}$，$d_{min} = 4.75\text{mm}$；对于$d_{max} = 12.5\text{mm}$的混凝土配比粗骨料级配为 4.75～9.5mm、9.5～12mm[3-4]，分析确定$d_{max} = 12.5\text{mm}$，$d_{av} = 9.5\text{mm}$，$d_{min} = 4.75\text{mm}$；对于$d_{max} = 19\text{mm}$的混凝土配比粗骨料级配为 4.75～12.5mm、12.5～19mm[3-4]，分析确定$d_{max} = 19\text{mm}$，$d_{av1} = 12.5\text{mm}$，$d_{av2} = 9.5\text{mm}$，$d_{min} = 4.75\text{mm}$。具体试件尺寸及实测试件峰值荷载P_{max}见表 5-2。

$W/C = 0.42$ 试件尺寸与实测 P_{max}　　　　　　表 5-2

V_f	d_{max}（mm）	W（mm）	S（mm）	B（mm）	a_0（mm）	P_{max}（kN）
0.3%	9.5	100	250	100	20	6.96、7.16、6.76
		200	500	100	40	12.42、12.22、12.72
		400	1000	100	80	20.89、21.89、22.39
	12.5	100	250	100	20	7.56、7.06、6.76
		200	500	100	40	11.22、11.42、10.72
		400	1000	100	80	18.68、18.88、19.38
	19	100	250	100	20	9.56、9.06、10.07
		200	500	100	40	17.32、16.38、15.43
		400	1000	100	80	27.89、25.79、26.09

基于本书所提的断裂模型及设计方法，按照图 5-3 所示的钢纤维混凝土断裂性能计算流程，将$W/C = 0.42$的钢纤维混凝土试件的钢纤维特征参数（V_f、l_f、d_f、f_f）、混凝土骨料特征粒径（d_{max}、d_{av1}、d_{av2}、d_{min}）输入后，按照设计方法中的计算流程逐步计算，最终回归得到$W/C = 0.42$钢纤维混凝土的K_{IC}与f_t见图 5-4 及表 5-3。由图 5-4 及表 5-3 可见：当n和d_i的取值满足相对尺寸$(W - a_0)/nd_i \approx 10$，取$\Delta a_{fic} = nd_i - 1/10000V_fl_ff_fd_f$时，确定$K_{IC}$和$f_t$的拟合曲线具有较高的相关系数$R^2$，并且确定的$W/C = 0.42$、$V_f = 0.3\%$、$d_{max} = 9.5\text{mm}$的钢纤维混凝土$K_{IC} = 1.20\text{MPa} \cdot \text{m}^{1/2}$及$f_t = 3.57\text{MPa}$与 SEM 确定值$K_{IC,SEM} = 1.29\text{MPa} \cdot \text{m}^{1/2}$及拉伸强度预测值$f_{t,p} = 2.43～3.64\text{MPa}$（表 5-1）基本吻合；确定的$W/C = 0.42$、$V_f = 0.3\%$、$d_{max} = 12.5\text{mm}$的钢纤维混凝土$K_{IC} = 0.84\text{MPa} \cdot \text{m}^{1/2}$及$f_t = 3.55\text{MPa}$与 SEM 确定值$K_{IC,SEM} = 0.96\text{MPa} \cdot \text{m}^{1/2}$及拉伸强度预测值$f_{t,p} = 2.27～3.40\text{MPa}$（表 5-1）基本吻合；确定的$W/C = 0.42$、$V_f = 0.3\%$、$d_{max} = 19\text{mm}$的钢纤维混凝土$K_{IC} = 1.17\text{MPa} \cdot \text{m}^{1/2}$及$f_t = 5.23\text{MPa}$与 SEM 确定值$K_{IC,SEM} = 1.37\text{MPa} \cdot \text{m}^{1/2}$及拉伸强度

预测值 $f_{t,p} = 3.22 \sim 4.83\text{MPa}$（表 5-1）基本吻合。

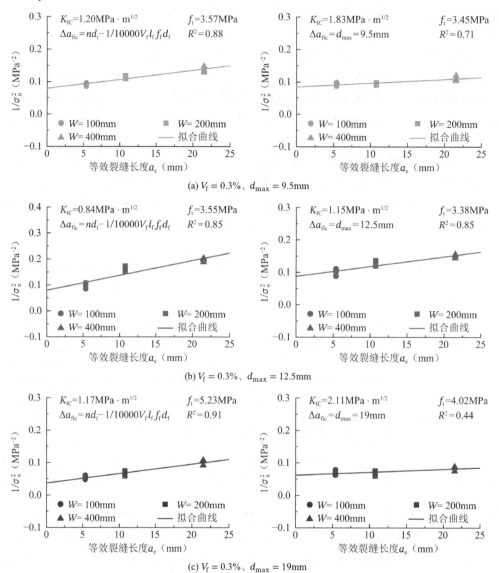

(a) $V_f = 0.3\%$、$d_{max} = 9.5\text{mm}$

(b) $V_f = 0.3\%$、$d_{max} = 12.5\text{mm}$

(c) $V_f = 0.3\%$、$d_{max} = 19\text{mm}$

图 5-4　确定 $W/C = 0.42$ 的钢纤维混凝土的 K_{IC} 与 f_t

$W/C = 0.42$ 试件的 Δa_{fic} 及确定曲线相关系数 R^2 　　　　　表 5-3

V_f	d_{max}（mm）	W（mm）	$\Delta a_{fic} = nd_i - 1/10000 V_f l_f f_f d_f$	$(W-a_0)/nd_i$	R^2	$\Delta a_{fic} = d_{max}$（mm）	$(W-a_0)/d_i$	R^2
0.3%	9.5	100	$\Delta a_{fic} = 9.5 - 1/10000 \times 0.3 \times 30 \times 1200 \times 0.6 = 8.85\text{mm}$	8.42	0.88	9.5	8.42mm	0.71
		200	$\Delta a_{fic} = 2 \times 9.5 - 1/10000 \times 0.3 \times 30 \times 1200 \times 0.6 = 18.35\text{mm}$	8.42			16.84mm	
		400	$\Delta a_{fic} = 3 \times 9.5 - 1/10000 \times 0.3 \times 30 \times 1200 \times 0.6 = 27.85\text{mm}$	11.23			33.68mm	
	12.5	100	$\Delta a_{fic} = 12.5 - 1/10000 \times 0.3 \times 30 \times 1200 \times 0.6 = 11.85\text{mm}$	6.4	0.85	12.5	6.4mm	0.85
		200	$\Delta a_{fic} = 2 \times 12.5 - 1/10000 \times 0.3 \times 30 \times 1200 \times 0.6 = 24.35\text{mm}$	6.4			12.8mm	

续表

V_f	d_{max}（mm）	W（mm）	$\Delta a_{fic} = nd_i - 1/10000 V_f l_f f_f d_f$	$(W-a_0)/nd_i$	R^2	$\Delta a_{fic} = d_{max}$（mm）	$(W-a_0)/d_i$	R^2
0.3%	12.5	400	$\Delta a_{fic} = 3 \times 12.5 - 1/10000 \times 0.3 \times 30 \times 1200 \times 0.6 = 36.85mm$	8.53	0.85	12.5	25.6mm	0.85
	19	100	$\Delta a_{fic} = 19 - 1/10000 \times 0.3 \times 30 \times 1200 \times 0.6 = 18.85mm$	6.4	0.91	19	4.21mm	0.44
		200	$\Delta a_{fic} = 2 \times 19 - 1/10000 \times 0.3 \times 30 \times 1200 \times 0.6 = 37.35mm$	8.42			8.42mm	
		400	$\Delta a_{fic} = 3 \times 19 - 1/10000 \times 0.3 \times 30 \times 1200 \times 0.6 = 56.35mm$	8.42			16.84mm	

2. 确定水灰比为 0.52 的钢纤维混凝土的断裂韧度和拉伸强度

以 $W/C = 0.52$ 的钢纤维混凝土试件为分析对象。其试件的钢纤维特征参数 $f_f = 1200N/mm^2$，$d_f = 0.6mm$，$l_f = 30mm$，变化参数 V_f 取值分别为 $V_f = 0.1\%$、$V_f = 0.3\%$、$V_f = 0.5\%$，变化参数 d_{max} 取值分别为 $d_{max} = 9.5mm$、$d_{max} = 12.5mm$、$d_{max} = 19mm$。具体试件尺寸及实测试件峰值荷载 P_{max} 见表 5-4。

$W/C = 0.52$ 试件尺寸与实测 P_{max}　　　　表 5-4

V_f	d_{max}（mm）	W（mm）	S（mm）	B（mm）	a_0（mm）	P_{max}（kN）
0.1%	9.5	100	250	100	20	8.06、8.56、8.26
		200	500	100	40	14.23、13.23、13.03
		400	1000	100	80	22.84、21.84、21.94
	12.5	100	250	100	20	7.26、6.46、7.06
		200	500	100	40	13.43、12.73、13.54
		400	1000	100	80	19.93、19.73
	19	100	250	100	20	7.26、7.76、6.46
		200	500	100	40	11.84、13.54、17.47
		400	1000	100	80	20.56、21.96、21.46
0.3%	9.5	100	250	100	20	6.86、7.37、6.66
		200	500	100	40	10.90、12.50、14.46
		400	1000	100	80	19.28、20.38、19.98
	12.5	100	250	100	20	7.06、7.40、7.36
		200	500	100	40	12.23、14.23、12.43
		400	1000	100	80	18.10、21.10、21.70
	19	100	250	100	20	6.86、7.73、7.26
		200	500	100	40	12.23、12.49、12.74
		400	1000	100	80	19.33、18.93、18.83

V_f	d_{max}（mm）	W（mm）	S（mm）	B（mm）	a_0（mm）	P_{max}（kN）
0.5%	9.5	100	250	100	20	6.56、6.76、5.76
		200	500	100	40	12.43、13.53、12.23
		400	1000	100	80	17.90、20.40、18.90
	12.5	100	250	100	20	6.76、7.46、7.06
		200	500	100	40	13.43、13.83、13.23
		400	1000	100	80	20.52、21.22、19.92
	19	100	250	100	20	8.86、8.66、8.96
		200	500	100	40	16.14、15.14、15.74
		400	1000	100	80	22.64、26.14、23.94

基于本书所提的断裂模型及设计方法，按照图 5-3 所示的钢纤维混凝土断裂性能计算流程，将 $W/C = 0.52$ 的钢纤维混凝土试件的钢纤维特征参数（V_f、l_f、d_f、f_f）、混凝土骨料特征粒径（d_{max}、d_{av1}、d_{av2}、d_{min}）输入后，按照设计方法中的计算流程逐步计算，最终回归得到 $W/C = 0.52$ 钢纤维混凝土的 K_{IC} 与 f_t 见图 5-5 及表 5-5。由图 5-5 及表 5-5 可见：当 n 和 d_i 的取值满足相对尺寸 $(W - a_0)/nd_i \approx 10$，取 $\Delta a_{fic} = nd_i - 1/10000 V_l l_f f_f d_f$ 时，确定 K_{IC} 和 f_t 的拟合曲线具有较高的相关系数 R^2，并且确定的 $W/C = 0.52$、$V_f = 0.1\%$、$d_{max} = 9.5$mm 的钢纤维混凝土 $K_{IC} = 1.00$MPa·m$^{1/2}$ 及 $f_t = 4.57$MPa 与 SEM 确定值 $K_{IC,SEM} = 1.11$MPa·m$^{1/2}$ 及拉伸强度预测值 $f_{t,p} = 3.42 \sim 5.13$MPa（表 5-1）基本吻合；确定的 $W/C = 0.52$、$V_f = 0.1\%$、$d_{max} = 12.5$mm 的钢纤维混凝土 $K_{IC} = 0.91$MPa·m$^{1/2}$ 及 $f_t = 3.72$MPa 与 SEM 确定值 $K_{IC,SEM} = 1.03$MPa·m$^{1/2}$ 及拉伸强度预测值 $f_{t,p} = 2.59 \sim 3.88$MPa（表 5-1）基本吻合；确定的 $W/C = 0.52$、$V_f = 0.1\%$、$d_{max} = 19$mm 的钢纤维混凝土 $K_{IC} = 1.01$MPa·m$^{1/2}$ 及 $f_t = 3.85$MPa 与 SEM 确定值 $K_{IC,SEM} = 1.17$MPa·m$^{1/2}$ 及拉伸强度预测值 $f_{t,p} = 2.69 \sim 4.03$MPa（表 5-1）基本吻合；确定的 $W/C = 0.52$、$V_f = 0.3\%$、$d_{max} = 9.5$mm 的钢纤维混凝土 $K_{IC} = 0.94$MPa·m$^{1/2}$ 及 $f_t = 3.88$MPa 与 SEM 确定值 $K_{IC,SEM} = 1.04$MPa·m$^{1/2}$ 及拉伸强度预测值 $f_{t,p} = 2.76 \sim 4.14$MPa（表 5-1）基本吻合；确定的 $W/C = 0.52$、$V_f = 0.3\%$、$d_{max} = 12.5$mm 的钢纤维混凝土 $K_{IC} = 0.89$MPa·m$^{1/2}$ 及拉伸强度预测值 $f_{t,p} = 2.91 \sim 4.36$MPa（表 5-1）基本吻合；确定的 $W/C = 0.52$、$V_f = 0.3\%$、$d_{max} = 19$mm 的钢纤维混凝土 $K_{IC} = 0.78$MPa·m$^{1/2}$ 及 $f_t = 4.41$MPa 与 SEM 确定值 $K_{IC,SEM} = 0.92$MPa·m$^{1/2}$ 及拉伸强度预测值 $f_{t,p} = 2.89 \sim 4.34$MPa（表 5-1）基本吻合；确定的 $W/C = 0.52$、$V_f = 0.5\%$、$d_{max} = 9.5$mm 的钢纤维混凝土 $K_{IC} = 0.93$MPa·m$^{1/2}$ 及 $f_t = 3.71$MPa 与 SEM 确定值 $K_{IC,SEM} = 1.04$MPa·m$^{1/2}$ 及拉伸强度预测值 $f_{t,p} = 2.51 \sim 3.76$MPa（表 5-1）基本吻合；确定的 $W/C = 0.52$、$V_f = 0.5\%$、$d_{max} = 12.5$mm 的钢纤维混凝土 $K_{IC} = 0.94$MPa·m$^{1/2}$ 及 $f_t = 3.87$MPa 与 SEM 确定值 $K_{IC,SEM} = 1.08$MPa·m$^{1/2}$ 及拉伸强度预测值 $f_{t,p} = 2.35 \sim 3.52$MPa（表 5-1）基本吻合；确定的 $W/C = 0.52$、$V_f = 0.5\%$、$d_{max} = 19$mm 的钢纤维混凝土 $K_{IC} = 1.03$MPa·m$^{1/2}$ 及 $f_t = 5.21$MPa 与 SEM 确定值 $K_{IC,SEM} = 1.21$MPa·m$^{1/2}$ 及拉伸强度预测值 $f_{t,p} = 3.18 \sim$

4.77MPa（表 5-1）基本吻合。

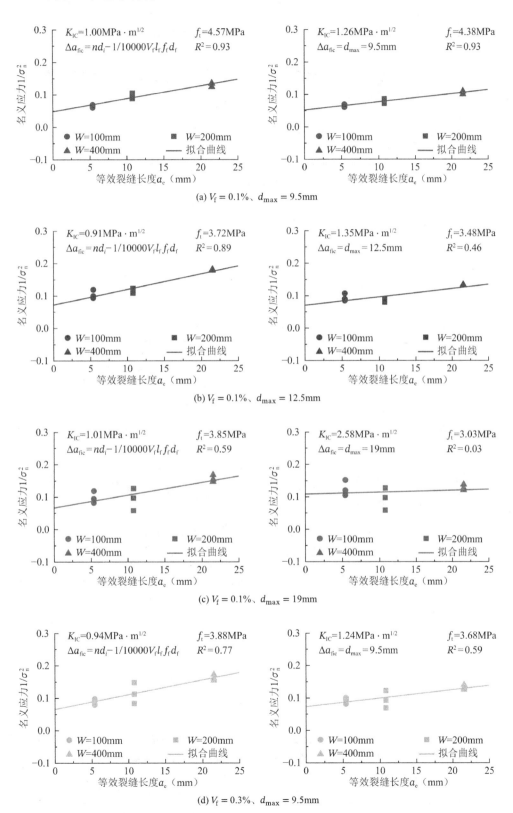

(a) $V_f = 0.1\%$、$d_{max} = 9.5$mm

(b) $V_f = 0.1\%$、$d_{max} = 12.5$mm

(c) $V_f = 0.1\%$、$d_{max} = 19$mm

(d) $V_f = 0.3\%$、$d_{max} = 9.5$mm

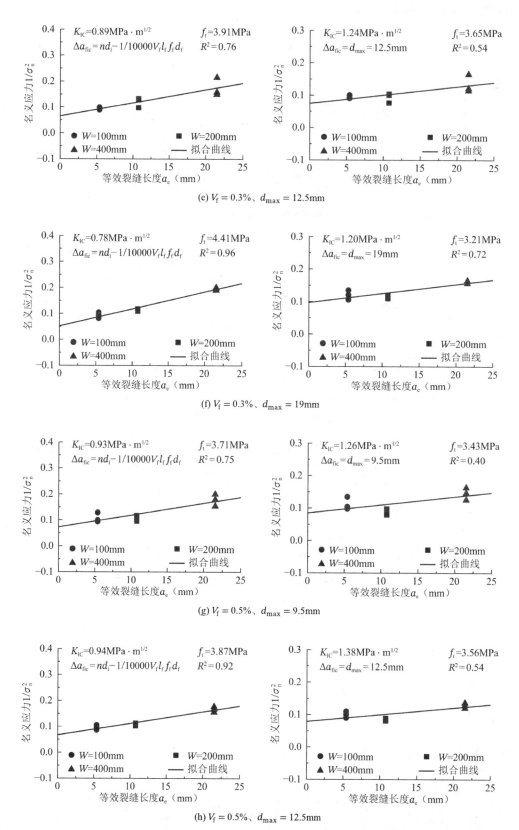

(e) $V_f = 0.3\%$、$d_{max} = 12.5mm$

(f) $V_f = 0.3\%$、$d_{max} = 19mm$

(g) $V_f = 0.5\%$、$d_{max} = 9.5mm$

(h) $V_f = 0.5\%$、$d_{max} = 12.5mm$

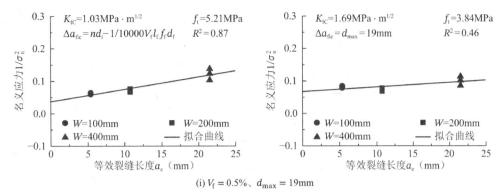

(i) $V_f = 0.5\%$、$d_{\max} = 19\text{mm}$

图 5-5　确定 $W/C = 0.52$ 的钢纤维混凝土的 K_{IC} 与 f_t

$W/C = 0.52$ 试件的 Δa_{fic} 及确定曲线相关系数 R^2　　表 5-5

V_f	$d_{\max}$ (mm)	W (mm)	$\Delta a_{fic} = nd_i - 1/10000 V_f l_f f_f d_f$	$(W-a_0)/nd_i$	R^2	$\Delta a_{fic} = d_{\max}$ (mm)	$(W-a_0)/d_i$	R^2
0.1%	9.5	100	$\Delta a_{fic} = 9.5 - 1/10000 \times 0.1 \times 30 \times 1200 \times 0.6 = 9.28\text{mm}$	8.42		9.5	8.42	
		200	$\Delta a_{fic} = 2 \times 9.5 - 1/10000 \times 0.1 \times 30 \times 1200 \times 0.6 = 18.78\text{mm}$	8.42	0.93		16.84	0.93
		400	$\Delta a_{fic} = 3 \times 9.5 - 1/10000 \times 0.1 \times 30 \times 1200 \times 0.6 = 28.28\text{mm}$	11.23			33.68	
	12.5	100	$\Delta a_{fic} = 12.5 - 1/10000 \times 0.1 \times 30 \times 1200 \times 0.6 = 12.28\text{mm}$	6.4		12.5	6.4	
		200	$\Delta a_{fic} = 2 \times 12.5 - 1/10000 \times 0.1 \times 30 \times 1200 \times 0.6 = 24.78\text{mm}$	6.4	0.89		12.8	0.46
		400	$\Delta a_{fic} = 3 \times 12.5 - 1/10000 \times 0.1 \times 30 \times 1200 \times 0.6 = 24.28\text{mm}$	8.53			25.6	
	19	100	$\Delta a_{fic} = 19 - 1/10000 \times 0.1 \times 30 \times 1200 \times 0.6 = 18.78\text{mm}$	6.4		19	4.21	
		200	$\Delta a_{fic} = 2 \times 19 - 1/10000 \times 0.1 \times 30 \times 1200 \times 0.6 = 37.78\text{mm}$	8.42	0.59		8.42	0.03
		400	$\Delta a_{fic} = 3 \times 19 - 1/10000 \times 0.1 \times 30 \times 1200 \times 0.6 = 56.78\text{mm}$	8.42			16.84	
0.3%	9.5	100	$\Delta a_{fic} = 9.5 - 1/10000 \times 0.3 \times 30 \times 1200 \times 0.6 = 8.85\text{mm}$	8.42		9.5	8.42	
		200	$\Delta a_{fic} = 2 \times 9.5 - 1/10000 \times 0.3 \times 30 \times 1200 \times 0.6 = 18.35\text{mm}$	8.42	0.77		16.84	0.59
		400	$\Delta a_{fic} = 3 \times 9.5 - 1/10000 \times 0.3 \times 30 \times 1200 \times 0.6 = 27.85\text{mm}$	11.23			33.68	
	12.5	100	$\Delta a_{fic} = 12.5 - 1/10000 \times 0.3 \times 30 \times 1200 \times 0.6 = 11.85\text{mm}$	6.4		12.5	6.4	
		200	$\Delta a_{fic} = 2 \times 12.5 - 1/10000 \times 0.3 \times 30 \times 1200 \times 0.6 = 24.35\text{mm}$	6.4	0.76		12.8	0.54
		400	$\Delta a_{fic} = 3 \times 12.5 - 1/10000 \times 0.3 \times 30 \times 1200 \times 0.6 = 36.85\text{mm}$	8.53			25.6	
	19	100	$\Delta a_{fic} = 12.5 - 1/10000 \times 0.3 \times 30 \times 1200 \times 0.6 = 11.85\text{mm}$	6.4		19	4.21	
		200	$\Delta a_{fic} = 19 - 1/10000 \times 0.3 \times 30 \times 1200 \times 0.6 = 18.35\text{mm}$	8.42	0.96		8.42	0.72
		400	$\Delta a_{fic} = 2 \times 19 - 1/10000 \times 0.3 \times 30 \times 1200 \times 0.6 = 37.35\text{mm}$	8.42			16.84	

V_f	d_{max}（mm）	W（mm）	$\Delta a_{fic} = nd_i - 1/10000 V_f l_f f_f d_f$	$(W-a_0)/nd_i$	R^2	$\Delta a_{fic} = d_{max}$（mm）	$(W-a_0)/d_i$	R^2
0.5%	9.5	100	$\Delta a_{fic} = 9.5 - 1/10000 \times 0.5 \times 30 \times 1200 \times 0.6 = 8.42\text{mm}$	8.42	0.75	9.5	8.42	0.40
		200	$\Delta a_{fic} = 2 \times 9.5 - 1/10000 \times 0.5 \times 30 \times 1200 \times 0.6 = 17.92\text{mm}$	8.42			16.84	
		400	$\Delta a_{fic} = 3 \times 9.5 - 1/10000 \times 0.5 \times 30 \times 1200 \times 0.6 = 27.42\text{mm}$	11.23			33.68	
	12.5	100	$\Delta a_{fic} = 12.5 - 1/10000 \times 0.5 \times 30 \times 1200 \times 0.6 = 11.42\text{mm}$	6.4	0.92	12.5	6.4	0.54
		200	$\Delta a_{fic} = 2 \times 12.5 - 1/10000 \times 0.5 \times 30 \times 1200 \times 0.6 = 23.92\text{mm}$	6.4			12.8	
		400	$\Delta a_{fic} = 3 \times 12.5 - 1/10000 \times 0.5 \times 30 \times 1200 \times 0.6 = 36.42\text{mm}$	8.53			25.6	
	19	100	$\Delta a_{fic} = 12.5 - 1/10000 \times 0.5 \times 30 \times 1200 \times 0.6 = 11.42\text{mm}$	6.4	0.87	19	4.21	0.46
		200	$\Delta a_{fic} = 19 - 1/10000 \times 0.5 \times 30 \times 1200 \times 0.6 = 17.92\text{mm}$	8.42			8.42	
		400	$\Delta a_{fic} = 2 \times 19 - 1/10000 \times 0.5 \times 30 \times 1200 \times 0.6 = 36.92\text{mm}$	8.42			16.84	

3. 确定水灰比为 0.62 的钢纤维混凝土的断裂韧度和拉伸强度

以 $W/C = 0.62$ 的钢纤维混凝土试件为分析对象。其试件的钢纤维特征参数 $f_f = 1200\text{N/mm}^2$，$d_f = 0.6\text{mm}$，$l_f = 30\text{mm}$，钢纤维掺量 $V_f = 0.3\%$，变化参数 d_{max} 取值分别为 $d_{max} = 9.5\text{mm}$、$d_{max} = 12.5\text{mm}$、$d_{max} = 19\text{mm}$。具体试件尺寸及实测试件峰值荷载 P_{max} 见表 5-6。

$W/C = 0.62$ 试件尺寸与实测 P_{max} 　　　　表 5-6

V_f	d_{max}（mm）	W（mm）	S（mm）	B（mm）	a_0（mm）	P_{max}（kN）
0.3%	9.5	100	250	100	20	5.06、5.16、5.86
		200	500	100	40	7.62、8.42、9.22
		400	1000	100	80	13.90、14.90、15.30
	12.5	100	250	100	20	5.86、5.26、5.46
		200	500	100	40	8.22、8.42、8.12
		400	1000	100	80	13.88、13.58、14.88
	19	100	250	100	20	6.16、5.86、5.66
		200	500	100	40	9.52、10.32、9.72
		400	1000	100	80	17.90、17.60、17.00

基于本书所提的断裂模型及设计方法，按照图 5-3 所示的钢纤维混凝土断裂性能计算流程，将 $W/C = 0.62$ 的钢纤维混凝土试件的钢纤维特征参数（V_f、l_f、d_f、f_f）、混

凝土骨料特征粒径（$d_{\max}$、d_{av1}、d_{av2}、$d_{\min}$）输入后，按照设计方法中的计算流程逐步计算，最终回归得到 $W/C = 0.62$ 钢纤维混凝土的 K_{IC} 与 f_{t} 见图 5-6 及表 5-7。由图 5-6 及表 5-7 可见：当 n 和 d_i 的取值满足相对尺寸 $(W-a_0)/nd_i \approx 10$，取 $\Delta a_{\mathrm{fic}} = nd_i - 1/10000 V_f l_f f_f d_f$ 时，确定 K_{IC} 和 f_{t} 的拟合曲线具有较高的相关系数 R^2，并且确定的 $W/C = 0.62$、$V_f = 0.3\%$、$d_{\max} = 9.5\mathrm{mm}$ 的钢纤维混凝土 $K_{\mathrm{IC}} = 0.69\,\mathrm{MPa \cdot m^{1/2}}$ 及 $f_{\mathrm{t}} = 2.77\mathrm{MPa}$ 与 SEM 确定值 $K_{\mathrm{IC,SEM}} = 0.77\mathrm{MPa \cdot m^{1/2}}$ 及拉伸强度预测值 $f_{\mathrm{t,p}} = 2.22 \sim 3.32\mathrm{MPa}$（表 5-1）基本吻合；确定的 $W/C = 0.62$、$V_f = 0.3\%$、$d_{\max} = 12.5\mathrm{mm}$ 的钢纤维混凝土 $K_{\mathrm{IC}} = 0.60\mathrm{MPa \cdot m^{1/2}}$ 及 $f_{\mathrm{t}} = 2.78\mathrm{MPa}$ 与 SEM 确定值 $K_{\mathrm{IC,SEM}} = 0.69\mathrm{MPa \cdot m^{1/2}}$ 及拉伸强度预测值 $f_{\mathrm{t,p}} = 2.16 \sim 3.24\mathrm{MPa}$（表 5-1）基本吻合；确定的 $W/C = 0.62$、$V_f = 0.3\%$、$d_{\max} = 19\mathrm{mm}$ 的钢纤维混凝土 $K_{\mathrm{IC}} = 0.86\mathrm{MPa \cdot m^{1/2}}$ 及 $f_{\mathrm{t}} = 2.93\mathrm{MPa}$ 与 SEM 确定值 $K_{\mathrm{IC,SEM}} = 1.02\mathrm{MPa \cdot m^{1/2}}$ 及拉伸强度预测值 $f_{\mathrm{t,p}} = 2.43 \sim 3.64\mathrm{MPa}$（表 5-1）基本吻合。

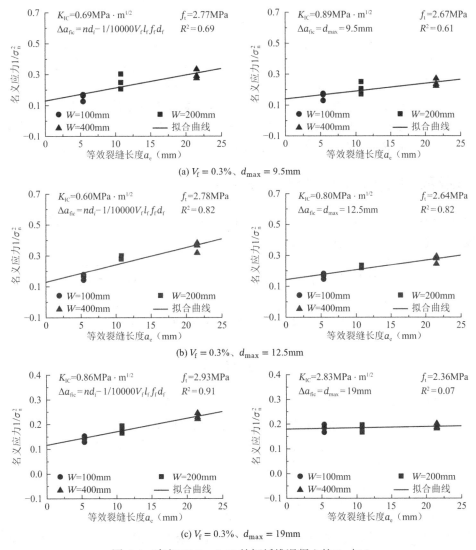

图 5-6　确定 $W/C = 0.62$ 的钢纤维混凝土的 K_{IC} 与 f_{t}

表 5-7

W/C = 0.62 试件的 Δa_{fic} 及确定曲线相关系数 R^2

V_f	d_{max} (mm)	W (mm)	$\Delta a_{fic} = nd_i - 1/10000V_l l_f f_f d_f$	$(W-a_0)/nd_i$	R^2	$\Delta a_{fic} = d_{max}$ (mm)	$(W-a_0)/d_i$	R^2
0.3%	9.5	100	$\Delta a_{fic} = 9.5 - 1/10000 \times 0.3 \times 30 \times 1200 \times 0.6 = 8.85mm$	8.42	0.69	9.5	8.42	0.61
		200	$\Delta a_{fic} = 2 \times 9.5 - 1/10000 \times 0.3 \times 30 \times 1200 \times 0.6 = 18.35mm$	8.42			16.84	
		400	$\Delta a_{fic} = 3 \times 9.5 - 1/10000 \times 0.3 \times 30 \times 1200 \times 0.6 = 27.85mm$	11.23			33.68	
	12.5	100	$\Delta a_{fic} = 12.5 - 1/10000 \times 0.3 \times 30 \times 1200 \times 0.6 = 11.85mm$	6.4	0.82	12.5	6.4	0.82
		200	$\Delta a_{fic} = 2 \times 12.5 - 1/10000 \times 0.3 \times 30 \times 1200 \times 0.6 = 24.35mm$	6.4			12.8	
		400	$\Delta a_{fic} = 3 \times 12.5 - 1/10000 \times 0.3 \times 30 \times 1200 \times 0.6 = 36.85mm$	8.53			25.6	
	19	100	$\Delta a_{fic} = 12.5 - 1/10000 \times 0.3 \times 30 \times 1200 \times 0.6 = 11.85mm$	6.4	0.91	19	4.21	0.07
		200	$\Delta a_{fic} = 19 - 1/10000 \times 0.3 \times 30 \times 1200 \times 0.6 = 18.35mm$	8.42			8.42	
		400	$\Delta a_{fic} = 2 \times 19 - 1/10000 \times 0.3 \times 30 \times 1200 \times 0.6 = 37.35mm$	8.42			16.84	

由图 5-4～图 5-6、表 5-3、表 5-5、表 5-7 可知，对于钢纤维混凝土，控制其相对尺寸 $(W-a_0)/nd_i \approx 10$，取 $\Delta a_{fic} = nd_i - 1/10000V_l l_f f_f d_f$ 时，基于本书所提的断裂模型及设计方法，输入钢纤维特征参数（V_f、l_f、d_f、f_f）、混凝土骨料特征粒径（d_{max}、d_{av1}、d_{av2}、d_{min}），按照设计方法中的计算流程逐步计算，确定的变化参数为钢纤维掺量、骨料粒径、水灰比的钢纤维混凝土断裂韧度 K_{IC} 与拉伸强度 f_t 均与 SEM 确定值 $K_{IC,SEM}$ 和拉伸强度预测值 $f_{t,p}$ 基本吻合。证明本书所提设计方法与计算流程的适用性与合理性。

5.4　钢纤维混凝土结构特性的预测

根据式(5-1)～式(5-4)，可以得到考虑钢纤维与混凝土骨料耦合作用的钢纤维混凝土断裂韧度 K_{IC} 和拉伸强度 f_t 的具体表达式：

$$K_{IC} = 1.12\sqrt{\pi}\sigma_n(P_{max}, \Delta a_{fic} = nd_i - aV_f l_f f_f d_f)\sqrt{a_e + a_\infty^*} \tag{5-5}$$

$$f_t = \sigma_n(P_{max}, \Delta a_{fic} = nd_i - aV_f l_f f_f d_f)\sqrt{1 + \frac{a_e}{a_\infty^*}} \tag{5-6}$$

$$a_\infty^* = 0.25\left(\frac{K_{IC}}{f_t}\right)^2 \tag{5-7}$$

式中：a_∞^*——完全由断裂韧度 K_{IC} 和拉伸强度 f_t 决定的特征裂缝长度。

为了构建混凝土全尺寸断裂全曲线，必须计算出不同 a_e 值下的不同名义应力 σ_n 值。根据不同的试验峰值荷载 P_{max}，可以用式(5-5)和式(5-6)分别确定单个的 K_{IC} 和 f_t，可由下面的正态分布公式(5-8)，得到 K_{IC} 和 f_t 值对应的均值 μ 和标准差 σ。

$$f(x) = \frac{1}{\sqrt{2\pi}\sigma}e^{-\frac{(x-\mu)^2}{2\sigma^2}} \tag{5-8}$$

若材料的 K_{IC} 与 f_t 已确定，则可基于式(5-1)～式(5-4)构建出钢纤维混凝土材料参数（K_{IC} 和 f_t）与结构特性（σ_n 或 P_{max}）的关系全曲线。根据本书所提钢纤维混凝土断裂模型及设计方法确定的K_{IC}和f_t，构造出断裂破坏曲线。同时根据正态方法得到K_{IC}和f_t值对应的均值μ和标准差σ，构造出断裂破坏曲线，并建立$\pm 2\sigma$（95%保证率）的上下限，用于描述混凝土试验数据的离散性。

由已知的材料参数K_{IC}和f_t可确定另一个描述材料所属破坏状态的材料参数a_∞^*。由$a_e \geq 10 a_\infty^*$得出相应的a_e理论值，即可确定出不同缝高比α对应的满足线弹性断裂的最小试件尺寸W_{min}，W_{min}的解析表达式为：

$$W_{min} = \frac{10 a_\infty^*}{\alpha} \times \frac{1.12^2}{A(\alpha)^2 Y(\alpha)^2} \tag{5-9}$$

5.5　钢纤维混凝土断裂破坏全曲线

图 5-7～图 5-9 为基于确定的K_{IC}和f_t，分别建立的变化参数为钢纤维掺量、骨料粒径、水灰比的钢纤维混凝土断裂设计曲线。图中基于本书所提钢纤维混凝土断裂模型及设计方法确定的K_{IC}和f_t建立的预测曲线为蓝色划线。过正态分布方法构建的三条预测曲线分别为黑色实线（平均值μ）、黑色点线（上限$\mu + 2\sigma$、下限$\mu - 2\sigma$，具有 95% 可靠性）。

图 5-7～图 5-9 结果表明，具有 95% 保证率的$\mu \pm 2\sigma$上下曲线即可覆盖不同配比的钢纤维混凝土试件的所有试验数据。钢纤维混凝土试验数据的离散性可以用上限和下限来描述。基于本书所提钢纤维混凝土断裂模型及设计方法确定的K_{IC}和f_t建立的破坏曲线与通过正态分布方法确定K_{IC}和f_t的平均值μ构建的破坏曲线基本吻合。

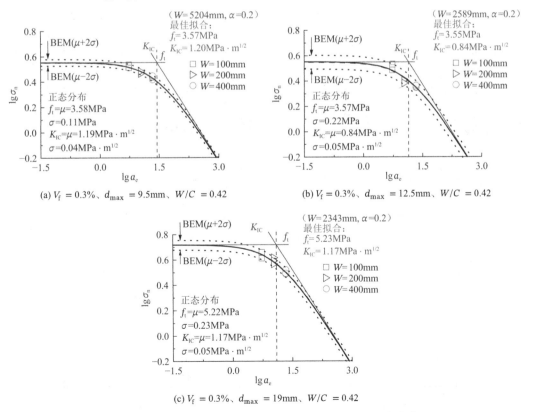

图 5-7　$W/C = 0.42$ 的钢纤维混凝土试件的断裂破坏全曲线

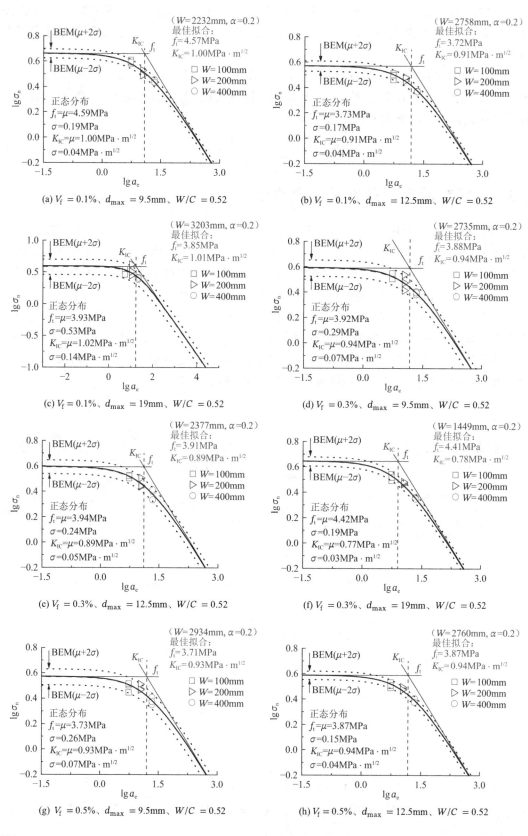

（a）$V_f = 0.1\%$、$d_{max} = 9.5mm$、$W/C = 0.52$

（b）$V_f = 0.1\%$、$d_{max} = 12.5mm$、$W/C = 0.52$

（c）$V_f = 0.1\%$、$d_{max} = 19mm$、$W/C = 0.52$

（d）$V_f = 0.3\%$、$d_{max} = 9.5mm$、$W/C = 0.52$

（e）$V_f = 0.3\%$、$d_{max} = 12.5mm$、$W/C = 0.52$

（f）$V_f = 0.3\%$、$d_{max} = 19mm$、$W/C = 0.52$

（g）$V_f = 0.5\%$、$d_{max} = 9.5mm$、$W/C = 0.52$

（h）$V_f = 0.5\%$、$d_{max} = 12.5mm$、$W/C = 0.52$

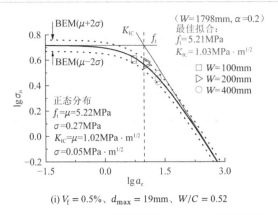

(i) $V_f = 0.5\%$、$d_{max} = 19mm$、$W/C = 0.52$

图 5-8　$W/C = 0.52$ 的钢纤维混凝土试件的断裂破坏全曲线

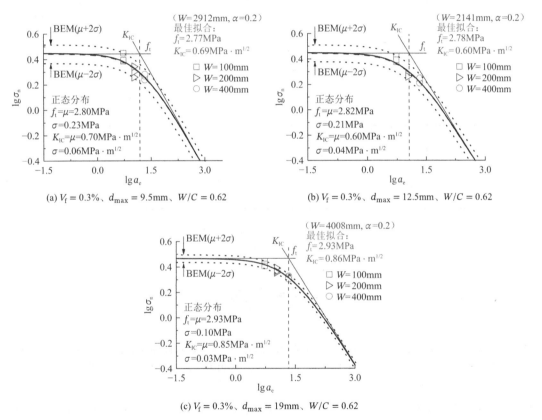

(a) $V_f = 0.3\%$、$d_{max} = 9.5mm$、$W/C = 0.62$

(b) $V_f = 0.3\%$、$d_{max} = 12.5mm$、$W/C = 0.62$

(c) $V_f = 0.3\%$、$d_{max} = 19mm$、$W/C = 0.62$

图 5-9　$W/C = 0.62$ 的钢纤维混凝土试件的断裂破坏全曲线

由图 5-7～图 5-9 可见，具有不同钢纤维特性和混凝土特性的钢纤维混凝土，都处于准脆性断裂状态，即使最大尺寸试件 $W = 400mm$，也未达到线弹性状态。基于全曲线确定的满足线弹性状态的钢纤维混凝土的理论最小尺寸 W_{min} 如表 5-8 所示。

不同配比钢纤维混凝土满足线弹性状态的理论最小尺寸 W_{min}　　　　表 5-8

W/C	V_f（%）	d_{max}（mm）	W_{min}（m）
0.42	0.3	9.5	5.2

续表

W/C	V_f（%）	d_{max}（mm）	W_{min}（m）
0.42	0.3	12.5	2.6
		19	2.3
0.52	0.1	9.5	2.2
		12.5	2.8
		19	3.2
	0.3	9.5	2.7
		12.5	2.4
		19	1.4
	0.5	9.5	2.9
		12.5	2.8
		19	1.8
0.62	0.3	9.5	2.9
		12.5	2.1
		19	4.0

参 考 文 献

[1] Ghasemi M, Ghasemi M R, Mousavi S R. Investigating the effects of maximum aggregate size on self-compacting steel fiber reinforced concrete fracture parameters[J]. Construction and Building Materials, 2018, (162): 674-682.

[2] Ghasemi M, Ghasemi M R, Mousavi S R. Studying the fracture parameters and size effect of steel fiber-reinforced self-compacting concrete[J]. Construction and Building Materials, 2019, (201): 447-460.

[3] Shah S P .Size-effect method for determining fracture energy and process zone size of concrete[J].Materials and Structures, 1990, 23(6): 461-465.

[4] EN B S. Testing hardened concrete. Method of determination of compressive strength of concrete cubes[J]. BS EN, 2000, 12390.

[5] ASTM International. Standard Test Method for Splitting Tensile Strength of Cylindrical Concrete Specimens:ASTM C496[S]. West Conshohocken, 2011.

[6] 中华人民共和国住房和城乡建设部.混凝土物理力学性能试验方法标准: GB/T 50081—2019[S]. 北京: 中国建筑工业出版社, 2019.

[7]　中华人民共和国住房和城乡建设部.混凝土结构设计标准: GB/T 50010—2010（2024 年版）[S]. 北京: 中国建筑工业出版社, 2011.

[8]　管俊峰, 鲁猛, 王昊, 等. 几何与非几何相似试件确定混凝土韧度及强度[J]. 工程力学, 2021, 38(9): 45-63.

[9]　Guan J, Song Z, Zhang M, et al. Concrete fracture considering aggregate grading[J]. Theoretical and Applied Fracture Mechanics, 2020, 112: 102833.

第 **6** 章

混杂纤维混凝土强度与韧度参数
兼容理论和模型的研究

6.1 试验概况

本章试验采用 P·O 42.5R 普通硅酸盐水泥，巩义第二电厂生产的 II 级粉煤灰作为辅助性胶凝材料，化学组成见表 6-1；选用大连本地市售石英砂（密度：2.65g/cm³，细度模数：1.9，最大粒径：1.18mm）作为骨料，级配曲线如图 6-1 所示。采用水泥质量 0.44% 的聚羧酸类高效减水剂确保新拌混合物良好的流动性和优异的纤维分散性。钢纤维为 Bekaert（上海）应用材料生产的 OL 镀铜钢纤维；PVA 纤维来自安徽皖维高新材料股份有限公司；表 6-2 给出了 PVA 纤维和钢纤维的物理力学性能及形貌。另外，采用消泡剂（磷酸三丁酯）消除 MFRC 新拌混合物中的气泡，其中消泡剂的用量保持不变，为复合材料总质量的 0.1%。

粉煤灰的化学组成（wt%）   表 6-1

组成	SiO$_2$	Al$_2$O$_3$	Fe$_2$O$_3$	CaO	K$_2$O	TiO$_2$	SO$_3$	MgO	P$_2$O$_5$	SrO	ZrO$_2$
粉煤灰	55.06	26.50	6.07	5.11	2.54	1.51	1.06	0.80	0.50	0.15	0.10

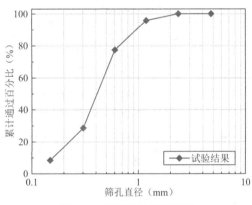

图 6-1　石英砂的级配曲线

纤维的物理力学性能及形貌   表 6-2

纤维名称	纤维物理力学性能	纤维形貌
PVA 纤维	长度：6mm，直径：39.7μm 长径比：151.13 密度：1.30g/cm² 伸长率：6.72% 拉伸强度：1529.5MPa 弹性模量：36.7GPa	

纤维名称	纤维物理力学性能	纤维形貌
钢纤维	长度：13mm，直径：0.13～0.15mm 长径比：86.67～100 密度：7.80g/cm^2 拉伸强度：2850MPa 弹性模量：210GPa	

表 6-3 给出了砂浆基体的配合比，表 6-4 给出了 CW 纤维、PVA 纤维和钢纤维的纤维配比。Plain 定义为空白试件，即不含 CW、PVA 纤维和钢纤维的砂浆试件。CW10 为掺入 1.0%CW 的试件，S15P05W00 为掺入 1.5%钢纤维和 0.5%PVA 纤维的试件，S15P05W10 为掺入 1.5%钢纤维，0.5%PVA 纤维和 1.0%CW 的试件。其他配比试件的含义与 S15P05W10 相近，如表 6-4 所示。

砂浆基体的配合比　　　　　　　　　　表 6-3

水胶比（W/B）	砂胶比（S/B）	水（kg/m^3）	水泥（kg/m^3）	粉煤灰（kg/m^3）	石英砂（kg/m^3）
0.3	0.5	375	1123	125	624

CW 纤维、PVA 纤维和钢纤维的配比　　　　　　　　　　表 6-4

组	体积掺量（%）			用量（kg/m^3）		
	CW	PVA 纤维	钢纤维	CW	PVA 纤维	钢纤维
Plain	0	0	0	0	0	0
CW10	1.0	0	0	28.6	0	0
S18P02W10	1.0	0.2	1.8	28.6	2.6	140.4
S15P05W10	1.0	0.5	1.5	28.6	6.5	117
S12P08W10	1.0	0.8	1.2	28.6	10.4	93.6
S10P10W10	1.0	1.0	1.0	28.6	13	78
S15P05W00	0	0.5	1.5	0	6.5	117
S15P05W20	2.0	0.5	1.5	57.2	6.5	117
S15P05W30	3.0	0.5	1.5	85.8	6.5	117

首先，将水泥、粉煤灰、CW 粉状原材料加入砂浆搅拌机中搅拌 60s，使其充分混合；其次，将石英砂加入搅拌机中搅拌 180s；之后分两次加入水和外加剂的混合溶液，

继续搅拌 300s，得到砂浆拌合物。然后，在连续搅拌的过程中，将 PVA 纤维和钢纤维依次均匀地分散到上述砂浆拌合物中；加入消泡剂，旨在消除 CW 和纤维引入的气泡，接着搅拌 60s，最后获得具有较好流动性的 MFRC 拌合物。完成上述搅拌程序后，按照《自密实混凝土应用技术规程》JGJ/T 283—2012[1] 的要求，进行新拌混合物的流动性试验，如图 6-2 所示。新拌混合物的流动性试验按照如下步骤进行：首先，将坍落度筒放在平板中心并填充满新拌混合物［图 6-2（a）］。然后，将坍落度筒垂直提升 300mm，且提升过程控制在 2s 内完成，使新拌混合物能够自由流动。当新拌混合物停止流动后，测量扩展圆的两个垂直直径［图 6-2（b）］，并记录其平均值作为 MFRC 新拌混合物的流动扩展度。

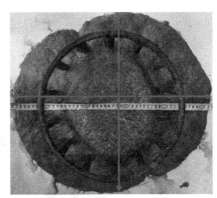

(a) 流动扩展度试验　　　　　　　　　　　　(b) J 环试验

图 6-2　MFRC 新拌混合料的性能测试

图 6-3 为新拌混合物流动扩展度结果。与 Plain 相比，CW10 新拌混合物的流动性明显下降，这是由于大比表面积的 CW，需要更多水来覆盖，从而导致富裕水膜变薄[2]。在 S15P05W00 中加入 CW 也会导致新拌混合物的流动性下降，且随着 CW 掺量的增加，流动扩展度逐渐下降，这与前期的研究结论相同[3]。相比 S15P05W00，随着 CW 从 1.0%（S15P05W10）增加至 3.0%（S15P05W30），其流动扩展度分别降低了 1.4%、4.7% 和 11.2%。新拌混合物的流动扩展度从 S18P02W10 到 S10P10W10 呈现下降趋势，这是由于新拌混合物中 PVA 纤维取代钢纤维所造成的。PVA 纤维比钢纤维具有更大的柔韧性，在搅拌过程中更容易缠绕，对砂浆拌合物的流动产生额外的阻力。此外，PVA 纤维表面的亲水基团使自由水富集其表面，从而导致基体中游离态水量减少[3]。S10P10W10 新拌混合物的流动性最差，但仍可达到 445mm，远大于模具长度（200mm），表明所有新拌混合物均可以从模具的一端自由流动到另一端。

图 6-4 为 MFRC 的详细制备、浇筑和养护过程。将拌合物从同一位置倒入尺寸为 40mm×40mm×200mm 的模具中，同时确保其从模具一端流向另一端。由于不同的成型方式会对纤维分布与取向造成很大的影响，因此所有试件的浇筑都严格按照如上步骤进行。拌合物硬化前，外部振动会对纤维的分布与取向造成严重影响，所以浇筑过程中避免振捣和运输，使具有较高流动性的拌合物自行流动填充模具。试件覆膜养护 24h 后脱模，并放入水中（温度 20℃）养护至 28d 后取出。MFRC 新拌混合料的性能见表 6-5。

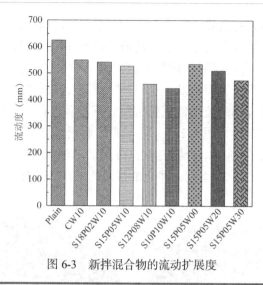

图 6-3 新拌混合物的流动扩展度

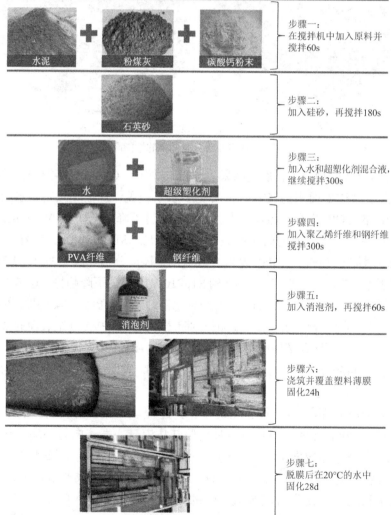

图 6-4 试件制备过程

MFRC 新拌混合料性能　　　　　　　　表 6-5

流动扩展度试验		J 环试验		通过性PA（mm）
流动扩展度$\overline{D}$（mm）	流动扩展时间T_{500}（s）	J 环流动扩展度$\overline{d}$（mm）	Δh（mm）	
535	6.36	515	1.43	20

注：Δh为 J 环内外高差；PA为流动扩展度与 J 环流动扩展度之差。

制作不同尺寸和不同初始裂缝深度的 MFRC 试件进行三点弯曲试验，如图 6-5 所示。详细的试件尺寸参数见表 6-6。在每组中，第一个数字（40、60、80、100、120 和 140）表示试件高度（W），第二个数字（0、0.1、0.2、0.3、0.4、0.5、0.6 和 0.7）表示试件的相对初始裂缝深度α_0，每组包含 4 个 MFRC 试件。同时制作 3 个 100mm×200mm 的圆柱体伴随试件测试其E_c值，并制作 6 个 100mm×100mm×100mm 的立方体伴随试件测试其f_{cu}值和f_{st}值。

(a) 尺寸不同而相对初始裂缝深度相同　　　　　(b) 尺寸相同而相对初始裂缝深度不同

图 6-5　制作的 MFRC 试件

试件尺寸信息　　　　　　　　表 6-6

组	宽度B（mm）	跨度S（mm）	初始裂缝深度a_0（mm）	相对初始裂缝深度α_0
40-0.2	40	160	8	0.20
60-0.2	40	240	12	0.20
80-0.0	40	320	0	0.00
80-0.1	40	320	8	0.10
80-0.2	40	320	16	0.20
80-0.3	40	320	24	0.30
80-0.4	40	320	32	0.40
80-0.5	40	320	40	0.50
80-0.6	40	320	48	0.60
80-0.7	40	320	56	0.70
100-0.2	40	400	20	0.20
120-0.2	40	480	24	0.20
140-0.2	40	560	28	0.20

采用最大荷载 100kN，荷载精度为±0.5%的 MTS EXCEED E45 型电子万能试验机进行三点弯曲试验。选用位移控制方式，加载速率为 0.1mm/min。采用 YYJ-4/10 电子引伸计（标距：10mm，最大变形：4mm）测量 CMOD。使用 Supereyes（分辨率：5M，放大倍数：100~2000，帧频：30FPS）捕捉初始裂缝尖端裂缝扩展的全过程。三点弯曲试验实际的加载照片如图 6-6（a）所示。测试过程中，采用 DH3820 高速静态应变测试分析系统在 10Hz 下同步采集测试数据，如图 6-6（b）所示。

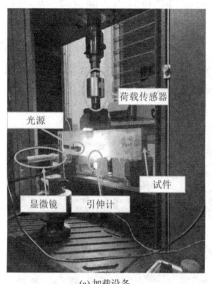
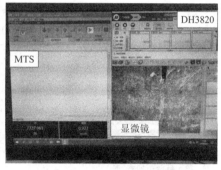

(a) 加载设备   (b) 数据获取界面

图 6-6　MFRC 试件的三点弯曲试验

采用 YAW-2000 型液压伺服万能试验机（长春 Sinter）进行圆柱体单轴压缩试验，根据 ASTM C469[4]计算E_c。在试件两侧对称布置 LVDT，用于测量加载过程中圆柱体的轴向变形［图 6-7（a）］，E_c的平均值为 27.78GPa。同样，采用 YAW-2000 型液压伺服万能试验机，按照《纤维混凝土试验方法标准》CECS 13：2009[5]和《混凝土物理力学性能试验方法标准》GB/T 50081—2019［图 6-7（b）、图 6-7（c）］测量立方体的f_{cu}值和f_{st}，其平均值分别为 78.69MPa 和 12.06MPa。

(a) 测量弹性模量   (b) 测量抗压强度   (c) 测量劈裂抗拉强度

图 6-7　MFRC 试件的基本力学性能测试

三点弯曲试验完成后，采用金刚石锯片在靠近断口位置进行切割，获取试件断裂位置处的横截面。横截面上混杂纤维形貌的获取过程，如图 6-8 所示。然后依次用 240 目、600 目、1200 目、1800 目的砂纸对横截面进行打磨，直至表面足够光滑。采用 BSE 技术获取横截面上钢纤维和 PVA 纤维的形貌图像。BSE 图像的放大倍数为 100，因为在这个放大倍数上可以清晰地观察到钢纤维和 PVA 纤维的详细轮廓、骨料和微裂纹扩展路径。由于同时存在钢纤维和 PVA 纤维两种类型的纤维，所以得到的 BSE 图像不能直接用于统计每种纤维的形态。这里首先通过 Photoshop 染色来区分不同纤维的类型和水泥基体，然后利用 Image Pro 获取钢纤维和 PVA 纤维的细节形貌（图 6-8）。

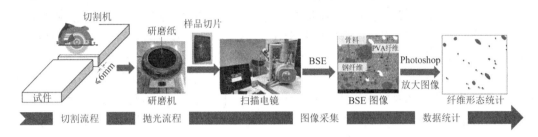

图 6-8　BSE 图像获取流程图

6.2　考虑骨料与混杂纤维特征参数的虚拟裂缝扩展量计算方法

与混凝土类似，MFRC 中不规则虚拟裂缝的形成是一个循序渐进的过程，经历了微裂缝的萌生、偏转、分叉和汇聚等几个阶段。这些微裂纹在 MFRC 中的扩展不仅需要克服骨料的互锁，还需要突破较强的纤维桥联。因此，在对 MFRC 进行断裂破坏分析时，必须同时考虑骨料和混杂纤维的影响。当荷载增加至 $P_{\max}$ 时，这些微裂纹汇聚形成一个连续的虚拟裂缝，如图 6-9 所示。虚拟裂缝沿 W 延伸的距离实际上是不同步的，这是由 MFRC 内部高度非均质性造成的。因此，虚拟裂缝通常是一条不规则的曲线，即从最迟缓的裂缝尖端 $\Delta a_{\mathrm{fic}}^{-}$ 到最活跃的裂缝尖端 $\Delta a_{\mathrm{fic}}^{+}$（图 6-9）。为方便起见，假设虚拟裂缝沿 W 同步扩展，将其等效为一条直线，即 $\Delta a_{\mathrm{fic}}^{-} < \Delta a_{\mathrm{fic}} < \Delta a_{\mathrm{fic}}^{+}$。为了准确描述虚拟裂缝在 $P_{\max}$ 时的扩展变化，同时构建微裂纹与混杂纤维-骨料体系的关系，基于 BEM 提出了如下公式：

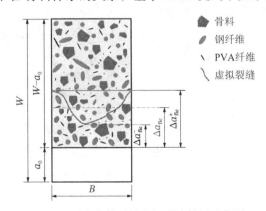

图 6-9　最大荷载下的虚拟裂缝扩展示意图

$$\Delta a_{\mathrm{fic}} = \sum_{i=1}^{4} \beta_i \cdot d_i \qquad (6\text{-}1)$$

式中：β_i——离散系数，其中 β_1、β_2、β_3 和 β_4 分别为骨料、钢纤维、PVA 纤维和 CW 的离

散系数；

d_i——骨料粒径或纤维形态尺寸，其中d_1为水泥基体中占比较大的骨料平均粒径，d_2、d_3、d_4分别为钢纤维、PVA 纤维、CW 在断裂横截面上频繁出现的形状尺寸，可通过对纤维形貌的统计分析来确定。

此外，考虑横截面上 CW 形貌尺度相对较小，难以获取。所以这里忽略了 CW 对虚拟裂纹扩展的影响。最终，Δa_{fic}与骨料（d_1）-钢纤维（d_2）-PVA 纤维（d_3）体系之间的关系可通过离散系数（β_1、β_2和β_3）联系起来。

图 6-10 显示了横截面上混杂纤维形态和骨料分布的 BSE 图像。白色圆或椭圆代表钢纤维在横截面上的形貌，黑色圆形或椭圆形代表 PVA 纤维在横截面上的形貌，深灰色不规则形状为骨料，其余灰色部分为水泥基体。如图 6-10 所示，微裂纹的扩展方式主要是绕过钢纤维、PVA 纤维或骨料。由于水泥浆体的脆性特征，微裂纹每一步的扩展距离可近似地通过横截面上被绕过的骨料或纤维长轴尺寸来反映。因此，骨料或纤维长轴尺寸是最重要的材料微观结构参数。从石英砂级配曲线可以确定骨料的粒度。较大一部分的骨料分布在0.3～0.6mm 范围内。因此，本研究中 MFRC 横截面上骨料的平均粒径取 0.45mm。

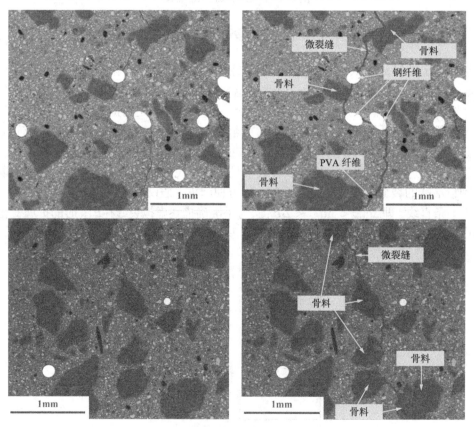

图 6-10　微裂纹扩展模式的 BSE 图像

多尺度纤维的形貌通过 BSE 和图像处理技术获取，见图 6-8。本章共对 3428 根钢纤维和 12121 根 PVA 纤维的长轴尺寸进行统计分析，如图 6-11 所示。结果发现，钢纤维和 PVA纤维的长轴尺寸统计结果符合指数分布，即纤维取向更倾向于 MFRC 新拌混合料的流动方向，这与成型时的浇筑方式有关。由图 6-11 可以看出，多达 83.37%的钢纤维长轴尺寸在

0.14～0.28mm 范围内，共计 78.24%的 PVA 纤维长轴尺寸在 0.0397～0.0974mm 范围内。因此，可以近似认定钢纤维和 PVA 纤维的代表性长轴尺寸分别为 0.28mm 和 0.0794mm。

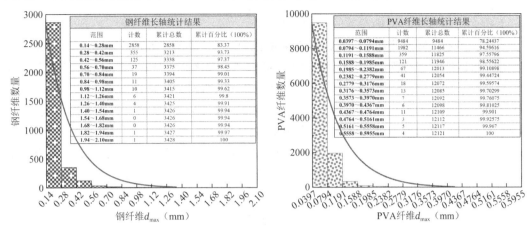

图 6-11　纤维长轴尺寸统计结果

由于骨料、钢纤维和 PVA 纤维的复杂随机分布特征，微裂纹在每个 MFRC 试件中所跨过骨料或混杂纤维的数量和类型极其不确定（图 6-11）。但是，引入的不确定离散系数 β_1、β_2、β_3 刚好能够有效地反映出裂纹扩展的随机性。β_1、β_2 和 β_3 可以随机地取任意值。Guan 等认为，对于普通混凝土试件（$W/d_{max} < 30$，$d_{max} = 2.5～25mm$），当 $\beta = 1.0$ 时，可以计算出足够精确的断裂参数。Liu 等发现，$\beta = 1.0$ 对竹基纤维复合材料的断裂参数具有较好的近似性。与上述研究中唯一的离散系数 β 相比，本研究中含有 3 个不同的离散系数 β_1、β_2 和 β_3，这使问题变得更加复杂。为方便起见，最简单的方法是对所有 MFRC 试件设置相同的 β_i（即 $\beta_1 = \beta_2 = \beta_3$）。虽然这样设置可能会对 MFRC 试件的虚拟裂缝结果造成粗略评估，但这些获得的结果将会提供 Δa_{fic} 结果的有效区域范围。另外，该方法也为 MFRC 的结构设计和工程应用提供可能的便利。

图 6-12 给出了 $\beta_1 = \beta_2 = \beta_3$ 时，P_{max} 处的理想虚拟裂缝扩展模式。$\beta_1 = \beta_2 = \beta_3 = 1.0$ 表示虚拟裂缝各跨过或者绕过 1 个骨料、1 个钢纤维和 1 个 PVA 纤维；$\beta_1 = \beta_2 = \beta_3 = 2.0$ 表示虚拟裂缝各跨过或者绕过 2 个骨料、2 个钢纤维和 2 个 PVA 纤维。$1.0 \leqslant \beta_1 = \beta_2 = \beta_3 \leqslant 2.0$ 表示虚拟裂缝跨过或者绕过 1 个但不足 2 个骨料、钢纤维和 PVA 纤维。不同的离散系数，所计算的断裂参数如图 6-13 所示。

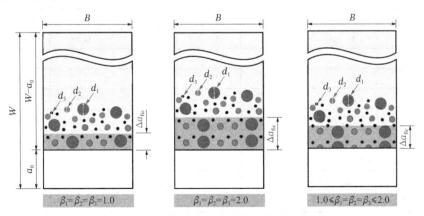

图 6-12　最大荷载下的理想虚拟裂纹扩展模式

6.3　混杂纤维混凝土强韧参数的测定方法

1. 混杂纤维混凝土强韧参数的测定

首先，所有不同尺寸和不同初始裂缝深度试件的离散系数取 0（即$\beta_1 = \beta_2 = \beta_3 = 0$），表明$P_{\max}$时试件的初始裂缝尖端不存在虚拟裂缝扩展。在这种情况下，f_t和K_{IC}的上限和下限都可以确定，即获取f_t的最大值和K_{IC}的最小值。表 6-7 给出了$\beta_1 = \beta_2 = \beta_3 = 0$，0.5，1.0，1.5……时不同尺寸试件或不同初始裂缝深度试件的断裂参数计算结果。可以看出，单独使用不同尺寸试件与单独使用不同初始裂缝深度试件确定的f_t结果近似一致。使用不同尺寸试件确定的K_{IC}随离散系数β_i（$\beta_1 = \beta_2 = \beta_3$）有明显变化。而使用不同初始裂缝深度试件的$K_{IC}$结果却刚好相反，当$\beta_1 = \beta_2 = \beta_3$的值取 0～5.0 时，$K_{IC}$的变化范围较窄，仅为 10.87～11.67MPa·$m^{1/2}$。同时使用不同尺寸和不同初始裂缝深度确定的f_t和K_{IC}值，如表 6-7 和图 6-13 所示。与单独使用不同尺寸试件或单独使用不同初始裂缝深度试件相比，同时使用不同尺寸和不同初始裂纹深度试件的K_{IC}变化范围处于前两者的变化范围中间。以$\beta_1 = \beta_2 = \beta_3 = 3.5$为例，三者的$f_t$和$K_{IC}$值相对接近，即单独使用不同尺寸试件计算的$f_t = 26.11$MPa，$K_{IC} = 10.93$MPa·$m^{1/2}$；单独使用不同初始裂纹深度试件计算的$f_t = 25.99$MPa，$K_{IC} = 11.28$MPa·$m^{1/2}$；同时使用不同尺寸和不同初始裂纹深度试件计算的$f_t = 25.61$MPa，$K_{IC} = 11.52$MPa·$m^{1/2}$。

f_t和K_{IC}的计算结果（$d_1 = 0.45$mm，$d_2 = 0.28$mm，$d_3 = 0.0794$mm）　　表 6-7

离散系数		不同尺寸		不同初始裂缝深度		不同尺寸、不同初始裂缝深度	
		f_t（MPa）	K_{IC}（MPa·$m^{1/2}$）	f_t（MPa）	K_{IC}（MPa·$m^{1/2}$）	f_t（MPa）	K_{IC}（MPa·$m^{1/2}$）
$\beta_1 = \beta_2 = \beta_3$	0	32.69	7.11	29.51	10.87	30.31	8.26
	0.5	31.52	7.39	28.96	10.89	29.56	8.55
	1	30.45	7.72	28.42	10.92	28.82	8.85
	1.5	29.46	8.11	27.91	10.96	28.11	9.21
	2	28.54	8.58	27.41	11.03	27.44	9.63
	2.5	27.67	9.17	26.92	11.10	26.80	10.13
	3	26.87	9.92	26.45	11.18	26.19	10.75
	3.5	26.11	10.93	25.99	11.28	25.61	11.52
	4	25.40	12.39	25.55	11.39	25.05	12.52
	4.5	24.73	14.72	25.12	11.52	24.52	13.89
	5	24.10	19.41	24.70	11.67	24.00	15.91
β_1、β_2、$\beta_3 \in \forall$，且$\geqslant 0^*$	$\beta_1 = 2$，$\beta_2 = 3$	—	—	—	—	27.12	9.87
	$\beta_1 = 5$，$\beta_2 = 0$	—	—	—	—	26.45	10.46
	$\beta_1 = 3$，$\beta_2 = 1$	—	—	—	—	27.29	9.73
	$\beta_1 = 2$，$\beta_2 = 3$	—	—	—	—	26.99	9.97
	$\beta_1 = 2$，$\beta_2 = 6$	—	—	—	—	25.74	11.32
	$\beta_1 = 2$，$\beta_2 = 2$	—	—	—	—	27.57	9.54

注：*为一些特殊案例，其中β_1、β_2、β_3的任意值的选取来自于 MFRC 横截面的 BSE 图像。

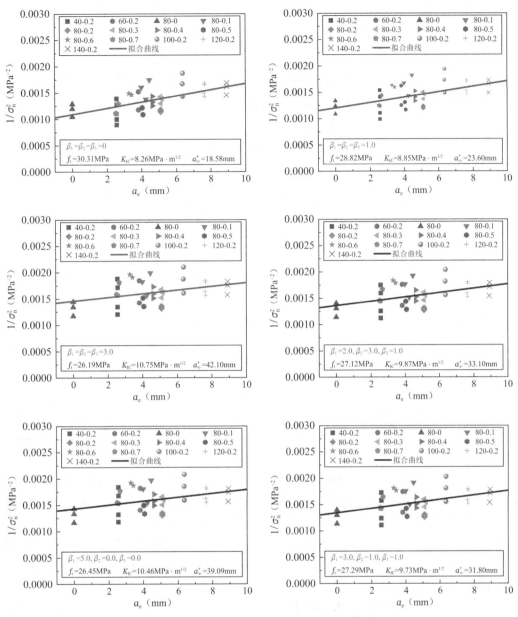

图 6-13　使用不同离散系数计算的断裂参数

　　实际上，取 $\beta_1 = \beta_2 = \beta_3$ 是一种特殊情况，不同试件的离散系数（β_1、β_2、β_3）在大多数情况下是不可能恒定的，这是因为虚拟裂缝在韧带区域会随机扩展。因此，本研究为 MFRC 分配了不同的离散系数。当 $\beta_1 = 2$、$\beta_2 = 3$ 和 $\beta_3 = 1$ 时，表示虚拟裂缝分别穿过或者绕过 2 个骨料、3 个钢纤维和 1 个 PVA 纤维。表 6-7 给出了不同 β_i 变化下确定的 f_t 和 K_{IC} 值，很容易发现这些计算结果均处在 $\beta_1 = \beta_2 = \beta_3$ 时的 f_t 和 K_{IC} 范围内。这表明相同的离散系数（$\beta_1 = \beta_2 = \beta_3 = 3.5$）是测定 f_t 和 K_{IC} 的一种简单近似方法。

　　上述 f_t 和 K_{IC} 的确定是根据 MFRC 横截面上混杂纤维形貌的统计结果，即认定钢纤维长轴尺寸为 0.28mm，以及认定 PVA 纤维长轴尺寸为 0.0974mm。然而，由于钢纤维和 PVA

纤维长轴尺寸的随机性，其真实的长轴尺寸难以确定。为了评价所选纤维长轴尺寸不确定性对f_t和K_{IC}结果的影响，这里再次选取钢纤维长轴尺寸为 0.1191mm，PVA 纤维长轴尺寸为 0.42mm 作为补充。这是因为共计 93.73%的钢纤维长轴尺寸在 0.14~0.42mm 范围内，高达 94.60%的 PVA 纤维长轴尺寸在 0.0397~0.1191mm 范围内。由此计算的f_t和K_{IC}值如表 6-8 所示，并给出两组计算值之间的误差。可以看出，即使钢纤维和 PVA 纤维长轴尺寸变为原来的两倍，两者所计算出来的f_t和K_{IC}误差也是相当小，说明通过统计方法选取占比较大的纤维长轴尺寸来确定f_t和K_{IC}是合理的。

不同纤维长轴尺寸下f_t和K_{IC}的计算结果比较   表 6-8

离散系数	$d_1 = 0.45mm$ $d_2 = 0.28mm$ $d_3 = 0.0794mm$		$d_1 = 0.45mm$ $d_2 = 0.42mm$ $d_3 = 0.1191mm$		误差	
$\beta_1 = \beta_2 = \beta_3$	f_t（MPa）	K_{IC}（MPa·m$^{1/2}$）	f_t（MPa）	K_{IC}（MPa·m$^{1/2}$）	f_t（%）	K_{IC}（%）
1	28.82	8.85	28.50	9.00	−1.12	1.74
1.5	28.11	9.21	27.66	9.48	−1.60	2.94
2	27.44	9.63	26.87	10.07	−2.08	4.58
2.5	26.79	10.13	26.12	10.82	−2.52	6.82
3	26.19	10.75	25.42	11.82	−2.94	9.98
3.5	25.61	11.51	24.75	13.22	−3.34	14.78
4	25.05	12.52	24.12	15.38	−3.72	22.82

2. 结果验证

当前，对于实验室尺寸的试件，通常采用两种方法来确定尺寸无关的真实断裂参数[6]。第一种是考虑初始裂缝尖端 FPZ 的等效弹性断裂法，包括最常用的 TPFM[7]、ECM[8-10]以及 DKFC[11-14]。第二种是基于数据拟合回归分析的外推方法，包括 SEL 和 BEM。因此，本书分别采用 DKFC 和 SEL 对 BEM 计算的断裂参数结果进行验证。此外，满足 LEFM 的 ASTM 标准（$K_{IC,ASTM}$）中断裂韧度的测定方法也用于分析 MFRC 试件的尺寸效应。

根据正态分布计算流程确定 MFRC 试件的断裂韧度，不同断裂模型下的断裂韧度计算结果如图 6-14 所示。可以看出，即使当W大于 100mm，$K_{IC,ASTM}$也会随着W和a_0的变化而变化。$K_{IC,ASTM}$的计算结果说明了 MFRC 的断裂韧度存在显著的尺寸依赖性。$K_{IC,ASTM}$明显低于 DKFC、SEL 和 BEM 计算下的断裂韧度值。这是由于在$K_{IC,ASTM}$的计算过程中忽略了试件初始裂缝尖端虚拟裂缝的扩展影响。同样，W和a_0的变化对失稳断裂韧度K_{IC}^{un}也有很大的影响，这可能与 MFRC 试件尺寸大小不满足《水工混凝土断裂试验规程》DL/T 5332—2005 中对试件尺寸要求的规定有关。据报道，当混凝土试件$W \geqslant 200mm$时，从工程角度来看，获得的双K断裂参数才没有明显的尺寸效应。因此，关于K_{IC}^{un}在 MFRC 中的尺寸效应问题仍需进一步探索。值得注意的是，除 140-0.2 组外，DKFC 中的K_{IC}^{un}值为 8.28~14.72MPa·m$^{1/2}$，均在 BEM 的K_{IC}上下限范围内。图中显示，当$\beta_1 = \beta_2 = \beta_3 = 3.5$时，SEL 中的$K_{IC,SEL}$值与 BEM

中计算的K_{IC}高度一致，分别为 $11.16\mathrm{MPa}\cdot\mathrm{m}^{1/2}$ 和 $11.52\mathrm{MPa}\cdot\mathrm{m}^{1/2}$，此时$\Delta a_{\mathrm{fic}}$在$P_{\max}$下近似等于2.83mm。

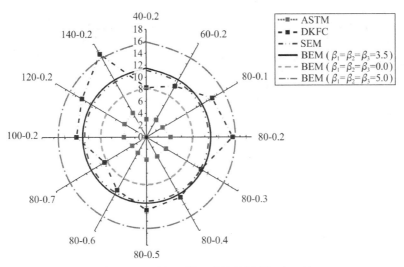

图 6-14　不同断裂模型计算的断裂韧度比较

6.4　混杂纤维混凝土结构特性的预测

图 6-15 为基于确定的K_{IC}和f_t，建立混杂纤维混凝土断裂设计曲线。图中基于本书所提钢纤维混凝土断裂模型及设计方法确定的K_{IC}和f_t建立的预测曲线。通过正态分布方法构建的三条预测曲线分别为黑色实线（平均值μ）、黑色点线（上限$\mu+2\sigma$、下限$\mu-2\sigma$，具有95%可靠性）。

利用 BEM 中的$\dfrac{a_e}{a_\infty^*}$来预测试件/结构的断裂破坏行为，即$\dfrac{a_e}{a_\infty^*}<0.1$表示强度准则控制区域；$\dfrac{a_e}{a_\infty^*}>10$表示 LEFM 准则控制区域；$0.1\leqslant\dfrac{a_e}{a_\infty^*}\leqslant10$表示同时受强度准则和 LEFM 准则控制的准脆性断裂区域。由 BEM 中的求解公式可知，一旦f_t和K_{IC}值确定，即可以预测 MFRC 的断裂破坏行为。

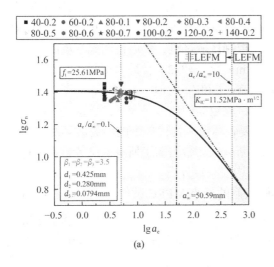

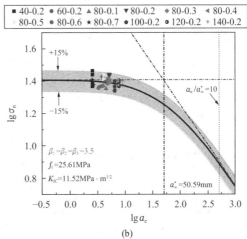

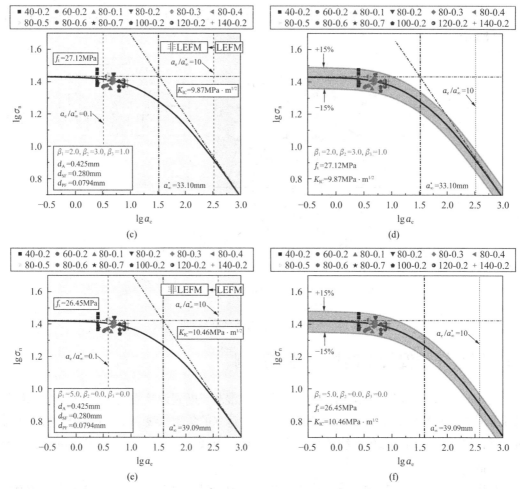

图 6-15　不同离散系数的 MHFRCC 断裂破坏行为预测

图 6-15（a）、（c）和（e）分别给出了不同 β_i 下构建的 MFRC 断裂破坏曲线。可以看到，试验数据与所构建的断裂破坏曲线具有较好的一致性。所有试验数据均在强度准则和准脆性断裂准则控制区域内，但远离 LEFM 准则控制区域，这说明 MFRC 与传统的水泥基材料有明显的区别，它是具有一定延性的复合材料。W 和 α_0 对 MFRC 的断裂破坏模式影响显著。随着 MFRC 试件 W 的增加，断裂破坏逐渐趋于准脆性断裂准则控制区域。同时，随着 MFRC 试件中 α_0 的增加，断裂破坏先向准脆性断裂准则控制区域过渡，然后再回到强度准则控制区域。不管 β_i 如何变化，最小尺寸试件（$W = 40\text{mm}$，$\alpha_0 = 0.2$）和最大相对初始裂缝深度试件（$W = 80\text{mm}$，$\alpha_0 = 0.7$）总是由强度准则控制。f_t 和 K_{IC} 的值一旦确定，即存在唯一的断裂破坏曲线。然而，MFRC 的非均质性会造成试验数据的离散。为了评价这些数据离散程度的合理性，这里构建了具有 ±15% 变化的断裂破坏带来替代单个的断裂破坏曲线，如图 6-15（b）、（d）和（f）所示。很容易观察到，断裂破坏带覆盖了所有的试验数据，这表明所构建的断裂破坏带可以作为合理的 MFRC 结构安全设计图。

此外，根据 $\dfrac{a_e}{a_\infty^*} = 10$ 估算出满足 LEFM 准则控制的最小 MFRC 试件尺寸，如图 6-16 所示。可以发现，即使本研究中最大的 MFRC 试件高度为 140mm，也远远小于满足 LEFM 条件的最小试件尺寸（5000mm）。值得注意的是，在三点弯曲试验中，当 $\alpha_0 = 0.2$ 时，有较小的 MFRC 试件满足 LEFM 准则，如图 6-16 所示。

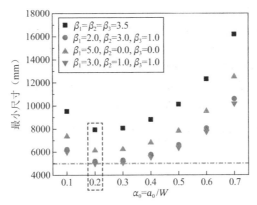

图 6-16　满足 LEFM 准则控制的 MFRC 最小尺寸

参 考 文 献

[1] 中华人民共和国住房和城乡建设部.自密实混凝土应用技术规程: JGJ/T 283—2012[S]. 北京: 中国建筑工业出版社, 2012.

[2] Zhang, Cong, Ling, et al. Rheology, fiber distribution and mechanical properties of calcium carbonate ($CaCO_3$)whisker reinforced cement mortar[J].Composites, Part A. Applied science and manufacturing, 2016, 90A(Pt.A): 662-669.

[3] Cao M, Xu L, Zhang C. Rheological and mechanical properties of hybrid fiber reinforced cement mortar[J]. Construction and Building Materials, 2018, 171: 736-742.

[4] ASTM. Standard test method for static modulus of elasticity and poisson's ratio of concrete in compression[S]. 2014.

[5] 中国工程建设标准化协会. 纤维混凝土试验方法标准: CECS13: 2009[S]. 北京: 中国计划出版社, 2010.

[6] Guan J, Song Z, Zhang M, et al. Concrete fracture considering aggregate grading[J]. Theoretical and Applied Fracture Mechanics, 2020, 112: 102833.

[7] Karihaloo B L, Nallathambi P. An improved effective crack model for the determination of fracture toughness of concrete[J]. Cement and Concrete Research, 1989,19: 603-610.

[8] Karihaloo B L, Nallathambi P. Effective crack model for the determination of fracture toughness (K_{IC}) of concrete[J]. Engineering Fracture Mechanics, 1990, 35: 637-645.

[9] Karihaloo B L, Nallathambi P. Size-effect prediction from effective crack model for plain concrete[J]. Materials and Structures, 1990, 23(3): 178-185.

[10] Xu S L, Reinhardt H W. Determination of double-K criterion for crack propagation in quasi-brittle fracture, Part Ⅲ: Compact tension specimens and wedge splitting specimens[J]. International Journal of Fracture, 1999, 98(2): 179-193.

[11] Xu S L, Reinhardt H W. Determination of double-K criterion for crack propagation in quasi-brittle fracture,

Part I: Experimental investigation of crack propagation[J]. International Journal of Fracture, 1999, 98(2): 111-149.

[12] Xu S L, Reinhardt H W. Determination of double-K criterion for crack propagation in quasi-brittle fracture, Part Ⅱ: Analytical evaluating and practical measuring methods for three-point bending notched beams[J]. International Journal of Fracture, 1999, 98(2): 151-177.

[13] Xu S, Reinhardt H W. A simplified method for determining double-K fracture parameters for three-point bending tests[J]. International Journal of Fracture, 2000, 104(2): 181-209.

[14] Jenq Y, Shah S. Two parameter fracture model for concrete[J]. Journal of Engineering Mechanics, 1985, 111(10): 1227-1241.